ICT 建设与运维岗位能力培养丛书

信创桌面操作系统的配置与管理
（统信 UOS 版）

赵　景　黄君羡　简碧园　编著
正月十六工作室　　组编

電子工業出版社
Publishing House of Electronics Industry
北京 · BEIJING

内 容 简 介

全书围绕办公人员对国产操作系统 UOS 及应用软件的管理与应用技能，较系统、完整地介绍国产操作系统 UOS 桌面版的安装与配置、办公软件的安装与应用、系统的维护与管理等内容。

全书由 UOS 桌面版安装、用户个性化设置、网络配置与应用、常用软件的安装与使用、系统维护等 7 个项目构成，每个项目均源于一个真实的应用场景，按工作过程系统化展开。通过在业务场景中学习和实践，让读者快速熟悉国产操作系统 UOS 及应用软件的使用，助力高效办公。

本出配套微课、PPT、实践项目等电子资源，适合作为应用型本科职业院校信息技术的通识课程教材，也可作为国产操作系统的培训教材，以及社会信息技术相关工作人员的参考用书。

图书在版编目（CIP）数据

信创桌面操作系统的配置与管理：统信 UOS 版 / 赵景，黄君羡，简碧园编著. -- 北京：电子工业出版社，2022.2

ISBN 978-7-121-42705-3

Ⅰ. ①信… Ⅱ. ①赵… ②黄… ③简… Ⅲ. ①办公自动化—操作系统 Ⅳ. ① TP317.1

中国版本图书馆 CIP 数据核字（2022）第 015144 号

责任编辑：朱怀永
印　　刷：三河市良远印务有限公司
装　　订：三河市良远印务有限公司
出版发行：电子工业出版社
　　　　　北京市海淀区万寿路 173 信箱　邮编 100036
开　　本：787 × 1092　印张：15　字数：384 千字
版　　次：2022 年 2 月第 1 版
印　　次：2023 年 4 月第 3 次印刷
定　　价：46.00 元

凡所购买电子工业出版社图书有缺损问题，请向购买书店调换。若书店售缺，请与本社发行部联系，联系及邮购电话：（010）88254888，88258888。

质量投诉请发邮件至 zlts@phei.com.cn，盗版侵权举报请发邮件至 dbqq@phei.com.cn。

本书咨询联系方式：（010）88254609 或 zhy@phei.com.cn。

ICT 建设与运维岗位能力系列教材编委会

序

《中共中央关于制定国民经济和社会发展第十四个五年规划和二〇三五年远景目标的建议》提出，“坚持创新在我国现代化建设全局中的核心地位，把科技自立自强作为国家发展的战略支撑 .... 深入实施创新驱动发展战略。”科技自立自强，国之重器先行。操作系统作为核高基中“基础软件”中的基础，是否能实现国产化应用普及，是解决关键技术“卡脖子”的核心所在。

随着国产操作系统从“可用”到“好用”，加之对国外技术可能断供的担忧，有越来越多的厂商选择预装国产操作系统，这为国产操作系统人才生态的繁荣发展提供了产业场。国产操作系统规模化推广面临着技术人才和应用人才的匮乏局面，特别是用户触点最多的桌面操作系统，相应的应用、开发、维护等人才缺口更为严重，因此，国产操作系统及相应人才生态建设亟待加强。

本书通过全面介绍统信 UOS 桌面版的安装、应用和维护内容，配合进阶式的企业场景化项目，让读者不仅能够轻松掌握操作系统相关知识和技能，还能收获其应用场景中的项目具体实施业务流程，养成良好的职业素养，促进信创产业发展。

欢迎广大读者更多地应用统信 UOS 操作系统，并多提宝贵意见和建议，希望通过企业和用户的良好互动，共同为发展中国自己的操作系统添砖加瓦！

统信软件教育与考试中心执行院长

2022 年 1 月

前　言

统信软件是我国研发国产操作系统的公司之一，其开发的统信操作系统（简称UOS），作为国产操作系统的代表，近年来占有国产操作系统较大的市场份额。近年来，我国加快推进信息创新建设工作，党政军、教育、金融、交通等行业率先大量引入国产操作系统，而在今后几年，其他行业也会大规模引入国产操作系统，增强我国基础软件的自主可控、维护网络信息安全。作为使用率最广的国产操作系统——UOS 桌面版，UOS 的安装、应用与维护将成为从事信息技术相关工作的必备技能之一。

正月十六工作室集合 IT 厂商、IT 服务商、资深教师组成教材开发团队，聚焦产业发展动态，持续跟进 ICT 岗位需求变化，基于工作过程系统化开发项目化课程和立体化教学资源，旨在打造全球最好的网络类岗位能力系列课程，让每个网络人都能快捷养成职业能力，持续助力职业生涯发展。

本书采用场景化的项目将理论与技术应用密切结合，让技术应用更具画面感，使学习者通过标准化业务实施流程熟悉工作过程，通过项目拓展进一步巩固操作技能，促进养成规范的职业行为。全书通过 7 个精心设计的项目让学习者逐步地掌握 UOS 桌面版的安装与配置，成为一名准 IT 系统管理工程师。

本书极具职业特征，有如下特色。

1. 课证融通、校企双元开发

本书由高校教师和企业工程师联合编撰。书中关于 UOS 桌面版应用的相关技术及知识点导入了统信服务技术标准和统信 UCA 认证考核标准；课程项目导入了 UOS 桌面版应用的典型案例和标准化业务实施流程；高校教师团队按应用型人才培养要求和教学标准，考虑学习者的认知特点，将企业资源进行教学化改造，形成工作过程系统化教材，教材内容符合 IT 系统管理工程师岗位技能培养要求。

2. 项目贯穿、课产融合

递进式场景化项目重构课程序列。本书围绕 IT 系统管理工程师岗位对 UOS 桌面版的安装、应用与维护核心技术技能的要求，基于工作过程系统化方法，按照操作系统的安装、应用和维护过程，基于简单到复杂这一规律，设计了 7 个进阶式项目。将 UOS 操作系统应用知识碎片化，按项目化方式重构，在每个项目中按需融入相关知识，相对于传统教材，读者通过进阶式项目的学习，不仅可以掌握系统应用的相关知识和技能，而且还可以熟悉和提升项目实施的业务流程与职业素养。UOS 桌面版课程学习地图如图 1 所示。

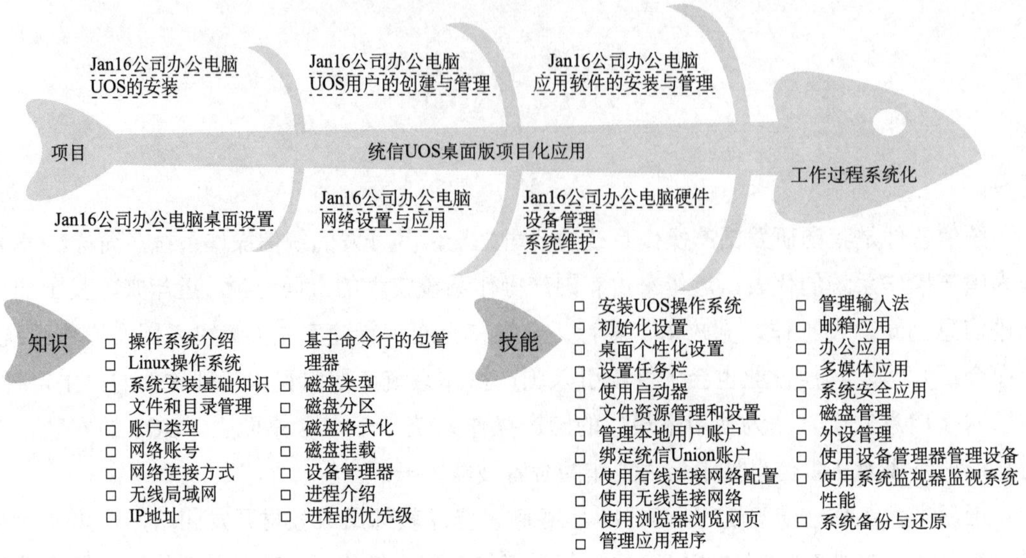

图 1　UOS 桌面版课程学习地图

用业务流程驱动学习过程。课程项目按企业工程项目实施流程分解为若干工作任务。通过项目背景、项目分析、相关知识为任务做铺垫；项目实施过程由任务说明、任务操作和项目验证构成，符合工程项目实施的一般规律。学生通过 7 个项目的渐进学习，逐步熟悉 IT 系统管理工程师岗位关于 UOS 安装、应用与维护的要求，熟练掌握业务实施流程，养成良好的职业素养。课程项目内容框架如图 2 所示。

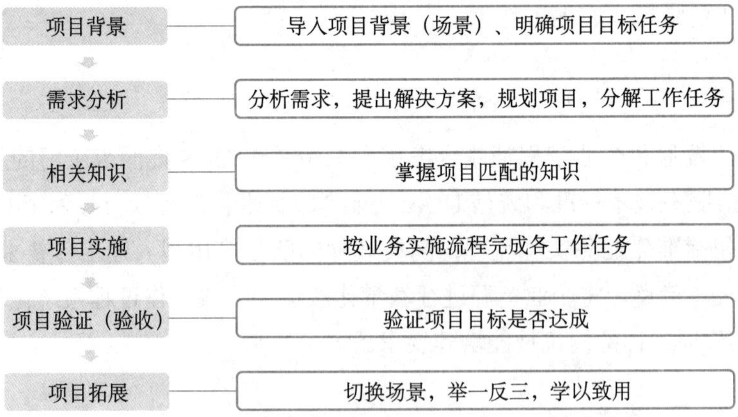

图 2　课程项目内容框架

3. 实训项目具有复合性和延续性

考虑企业真实工作项目的复合性，工作室精心设计了课程实训项目。实训项目不仅考核与本项目相关的知识、技能和业务流程，还涉及前序知识与技能，强化了各阶段知识点、技能点之间的关联，让学生熟悉知识与技能在实际场景中的应用。

本书若作为教学用书，参考学时为 32～36 学时，各项目的参考学时见表 1。

表 1　学时分配表

项目名称	课程内容	学时
项目 1　Jan16 公司办公电脑 UOS 操作系统的安装课程概述	安装 UOS 操作系统	4
	初始化设置	
项目 2　Jan16 公司办公电脑桌面设置	桌面个性化设置	4
	设置任务栏	
	使用启动器	
	文件资源管理和设置	
项目 3　Jan16 公司办公电脑 UOS 用户的创建与管理	管理本地用户账户	4
	绑定统信 Union 账户	
项目 4　Jan16 公司办公电脑网络设置与应用	使用有线连接网络	4
	使用无线连接网络	
	使用浏览器浏览网页	
项目 5　Jan16 公司办公电脑应用软件的安装与管理	管理应用程序	4
	管理输入法	
	邮箱应用	
	办公应用	
	多媒体应用	
	系统安全应用	
项目 6　Jan16 公司办公电脑硬件设备管理	磁盘管理	4～8
	外设管理	
项目 7　Jan16 公司办公电脑系统维护	使用设备管理器管理设备	4～8
	使用系统监视器监视系统性能	
	系统备份与还原	
综合考核		4
课时总计		32～36

本书由正月十六工作室组织编写，主编为赵景、黄君羡和简碧园。教材参与单位和个人信息如表 2 所示。

表 2　教材参与单位与个人信息表

单位名称	姓名
正月十六工作室	欧阳绪彬、朱桂震
统信软件	王兴进
广州市宏方网络科技有限公司	祝　杰
中锐网络	安淑梅、尹明
荔峰科技	刘　勋
联想教育	吴洋洋
统信软件	王兴进
广东交通职业技术学院	黄君羡、简碧园、唐浩祥
许昌职业技术学院	赵　景
广州市公用事业技师学院	叶春晓

本书在编写过程中，参阅了大量的网络技术资料和书籍，特别引用了 IT 服务商的大量项目案例，在此，对这些资料的原著者表示感谢。

练习题

正月十六工作室
2022 年 1 月

目　　录

项目 1　Jan16 公司办公电脑 UOS 操作系统的安装

项目学习目标

项目课件　项目微课

知识目标：

（1）了解 UOS 桌面版的功能；

（2）了解 UOS 桌面版常见的安装方式。

能力目标：

（1）能安装 UOS 桌面版；

（2）能进行 UOS 桌面版的初始化配置并激活系统。

素质目标：

（1）通过国产自主可控软硬件研发案例，树立职业荣誉感和爱国意识；

（2）通过学习计算机操作系统发展史，激发创新和创造意识；

（3）树立严谨操作、精益求精的工作精神。

项目描述

Jan16 公司信息中心由信息中心主任黄工、系统管理组系统管理员赵工和宋工 3 位工程师组成，组织架构图如图 1-1 所示。

图 1-1　Jan16 公司组织架构图

Jan16 公司信息中心办公网络拓扑如图 1-2 所示，PC1、PC2、PC3 均采用国产鲲鹏主机，同时安装 UOS，项目概况如下。

PC1、PC2、PC3 用于日常办公，均需安装 UOS 桌面版，并进行初始化配置和系统激活。

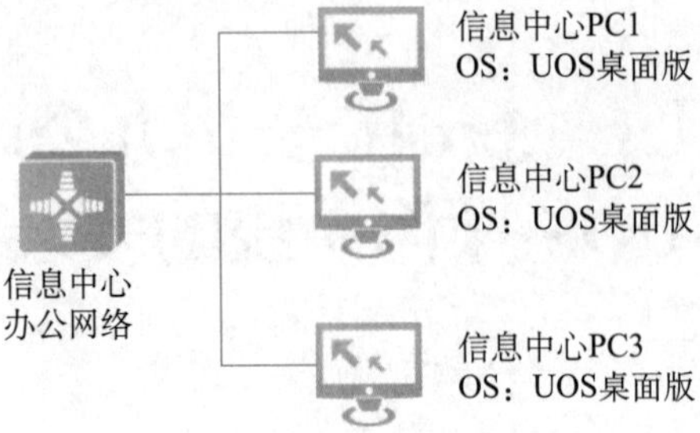

图 1-2　Jan16 公司信息中心办公网络拓扑

项目分析

本项目需要系统管理员熟悉 UOS 桌面版的安装过程、配置要求、常见的安装方式，掌握用户登录、激活操作系统的技能。本项目涉及以下工作任务。

（1）安装 UOS 桌面版；

（2）进行 UOS 初始化设置。

相关知识

UOS（Unity Operating System，统一操作系统）是统信软件技术有限公司（简称“统信软件”）研发的一款多用户多任务操作系统，是一款美观、易用、安全可靠的桌面操作系统。该操作系统包括桌面和服务器两类操作系统。

UOS 是基于 Linux 内核采用同源异构技术打造的操作系统，同时支持 4 种 CPU 架构（AMD64、ARM64、MIPS64、SW64）和 7 大 CPU 平台（龙芯、飞腾、海思麒麟、申威、鲲鹏、兆芯、海光），提供了高效简洁的人机交互、美观易用的桌面应用和安全稳定的系统服务，是一款可用并且好用的操作系统。

UOS 具备 6 大统一特性，即版本统一、文档统一、平台统一、开发接口统一、标准规范统一、应用商店和仓库统一。同时，UOS 具备突出的安全特性：一是系统安全方面经过专业设计和论证；二是与国内各大安全厂商深入合作，进行安全漏洞扫描及修复；三是通过分区策略、限制 sudo 使用、商店应用、开发者模式等安全策略进一步保障操作系统的安全和稳定。

目前，UOS 已得到国内主要 CPU 厂商、重点整机厂商、主流应用厂商的全力支持，并和国内主流整机厂商完成了系统预装。未来统信软件将继续加大与国内优秀软、硬件厂商的合作，携手共建信息技术应用创新的新生态圈。

1.1 UOS 桌面版

UOS 桌面版以全新的交互设计和界面风格为用户提供高效、便捷的使用体验，还可根据用户的需求提供个性化的服务，包括 Windows 桌面替代方案、办公自动化方案、模拟电子教室等。

UOS 桌面版具有以下优点。

- 美观的桌面风格，符合用户的操作习惯。
- 自主研发的桌面环境。
- 独创的控制中心系统管理界面。
- 大量高质量的桌面应用程序，如应用商店、语音助手、安全中心等。
- 基于 Deepin Wine 技术，可运行大量的 Windows 平台软件。
- 基于开源内核，可自主开发图形环境，安全可控。
- 内置防火墙、多等级权限控制等安全机制。
- 面向全球的安全补丁升级体系。
- 获得中华人民共和国工业和信息化部的测试认证，符合安全可靠电子公文环境的要求。

1.2 操作系统介绍

1.2.1 什么是操作系统

操作系统（Operating System，OS），即操作计算机的系统，用于控制和管理整个计算机的硬件和软件资源，并合理地组织调度计算机的工作和资源分配，为用户和其他软件提供方便的接口和环境的程序集合。操作系统位于硬件和应用程序之间，如图 1-3 所示。它作为计算机硬件之上的第一层软件，为上层的应用程序提供了良好的应用环境，并且让底层的硬件资源高效地协作，完成特定的计算任务。由于操作系统具有良好的交互性，使得用户能够通过操作界面以非常简单的方式对计算机进行操作。

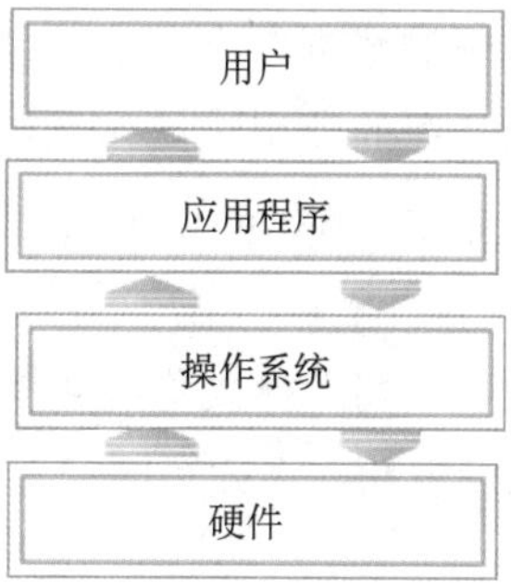

图 1-3 操作系统在计算机系统中的位置

1.2.2 操作系统的核心功能

1. 进程管理

现代计算机系统采用多道程序技术，允许多个程序并发运行，共享系统资源。多道程序技术出现后，为了描述并发运行程序的动态特性并控制其活动状态，操作系统抽象出了“进程”这一概念，使用进程作为描述程序运行过程且能用来共享资源的基本单位。操作系统为进程分配合理的硬件资源，控制进程状态的转换，完成计算机并发任务的执行。

如何让不同的进程合理地共享硬件资源呢？首先操作系统需要保持对硬件资源的管理。操作系统通过系统调用向进程提供服务接口，限制进程直接进行硬件资源操作。如果需要执行受限操作，进程只能通过调用这些接口向操作系统传达服务请求，并将 CPU 控制权移交给操作系统；操作系统接收到请求后，再调用相应的处理程序完成进程所请求的服务。

如何实现多个进程的并发运行呢？各进程需要以时分复用的方式共享 CPU 来实现并发运行，这意味着操作系统应支持进程切换：在一个进程占用 CPU 一段时间后，操作系统应该停止它的运行并选择下一个进程来占用 CPU。此外，为了避免恶意进程一直占用 CPU，操作系统可利用时钟中断，即每隔一个时钟中断周期就中断当前进程的运行，进行进程切换。

2. 内存管理

系统中的程序和代码在被 CPU 调度运行之前需要先加载到内存中，所以当多个进程并发运行时，所有的并发进程都需要被加载到内存中，所以内存成为影响操作系统性能的关键因素。操作系统的内存管理主要解决并发进程的内存共享问题，通过虚拟内存、分页机制、利用外存对物理内存进行扩充等技术来提高内存利用率和内存寻址效率。

3. 文件系统管理

虽然内存为系统提供了快速访问的能力，但因为内存的容量较为有限，一旦断电，保存在其中的数据就会丢失。所以，计算机通常采用磁盘等外存来持久化地存储数据。为了简化外存的使用，操作系统将磁盘等外存抽象成文件（file）和目录（directory），并使用文件系统（file system）来管理它们。操作系统可以选择多种物理文件系统，如 Ext4、FAT32、NTFS 等，用户或应用程序通过文件系统可以方便地完成 I/O 操作，输入 / 输出数据到磁盘，实现持久化的数据存储。同时，操作系统还可以实现对文件存储空间的管理、目录的管理和文件读写的管理和保护。

4. 硬件驱动管理

操作系统作为用户操作底层硬件的接口，管理着计算机的各类 I/O 设备。操作系统通过可加载模块功能，将驱动程序编辑成模块以识别底层硬件，以便上层应用程序使用 I/O

设备。所以，操作系统会提供开发接口给硬件厂商制作它们的驱动程序，而操作系统获取硬件资源后会完成设备分配、设备控制和 I/O 缓冲区管理等任务。

5. 用户交互界面

操作系统为用户提供了可交互的环境，让用户更加容易地使用计算机。一般来说，用户与操作系统交互的接口分为命令接口和 API 接口两种。

1）命令接口

用户通过输入设备或在作业中发出一系列指令传达给计算机，使计算机按照指令来执行任务。常见的命令接口有两种，一种是命令行界面（Command Line Interface，CLI），即用户界面的所有元素字符化，该方式使用键盘作为输入工具，输入命令、选项、参数后执行程序，追求高效。MS-DOS 系统采用的就是字符交互方式。另一种是图形用户界面（Graphical User Interface，GUI），即用户界面的所有元素图形化，该方式主要使用鼠标作为输入工具，通过按钮、菜单、对话框等进行交互，追求易用。Windows 系统采用的是图形交互方式。

2）API 接口

API 接口主要由系统调用（system call）组成。每个系统调用都对应着一个在内核中实现、能完成特定功能的子程序。通过这种接口，应用程序可以访问系统中的资源和使用操作系统内核提供的服务。

1.2.3 常见的操作系统

操作系统有不同的交互式界面，常见的有以 DOS 为代表的 CLI 和以 Windows 系统为代表的 GUI。由于 Windows 良好的交互性，Windows 系列操作系统已成为个人计算机中使用度最广的桌面操作系统。除 Windows 以外，还有其他多种常见的操作系统，如图 1-4 所示。

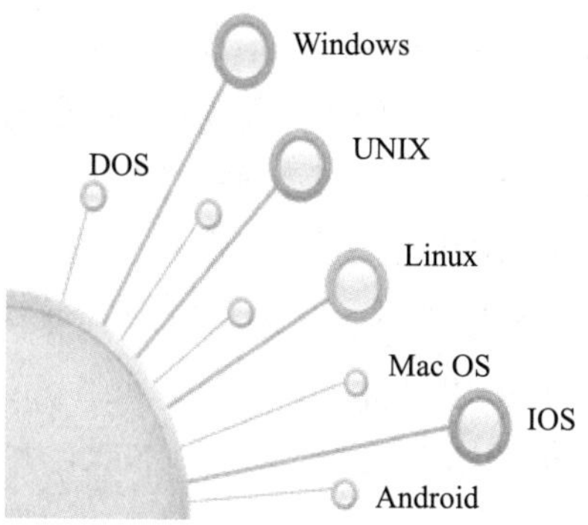

操作系统	应用场景
Linux	企业服务器，注重稳定性和性能，类UNIX系统，开源免费
UNIX	企业服务器，注重稳定性和性能
Windows	PC，注重易用性
Mac Os	PC，注重易用性和个人体验
Android	移动端，注重易用性和个人体验
lOS	移动端，注重易用性和个人体验
DOS	PC，很少单独安装，一般和Windows一起安装

图 1-4　常见的操作系统

Linux 操作系统广泛地应用在企业服务中，注重稳定性和性能，受到广大开发者的喜爱与追捧。Linux 是一套免费使用和自由传播的类 UNIX 操作系统，这个系统是由全世界各地的成千上万的程序员设计和实现的。用户不用支付任何费用就可以获得它和它的源代码，并且可以根据自己的需要对它进行必要的修改，无偿地使用，无约束地继续传播。

此外，计算机不断地向小型化发展，现在计算机以智能手机、智能手表等移动设备的形式出现在人们的生活当中，其中 IOS 和 Android 是当前最为主流的面向移动设备的操作系统。IOS 是 Apple 公司于 2007 年发布的一款操作系统，属于类 UNIX 的商业操作系统。该操作系统目前没有开源。2008 年 9 月，Google 公司以 Apache 开源许可证的授权方式发布了 Android 的源代码。Android 基于 Linux 内核，是专门为触屏移动设备设计的操作系统。

1.3 Linux 操作系统

1.3.1 UNIX 的发展历程

讲到 Linux 的起源，就不得不从 UNIX 说起。20 世纪 60 年代，计算机还没有普及，仅用于军事或者学术研究，一般人很难接触到，而且当时的计算机系统是批处理运行的，就是把一批任务一次性提交给计算机，然后等待结果，并且中途不能和计算机交互。当时的主机仅可以支持少量的终端机接入，进行输入 / 输出的作业。为了强化主机的功能并且让更多的用户使用，在 1965 年，贝尔实验室（Bell）、麻省理工学院（MIT）及通用电气公司（GE）联合起来准备研发一个分时多任务处理系统，简单来说就是实现多人同时使用计算机的梦想，并将其取名为 MULTICS（MUL Tiplexed Information and Computing System，多路信息计算系统）。但是，由于项目太复杂加上其他原因，从而导致了项目进展缓慢。1969 年，贝尔实验室觉得这个项目可能不会成功，于是就退出了。

Bell 退出 MULTICS 计划之后，曾参与该计划的研究人员 Ken Thompson 从 MULTICS 中获得灵感，用汇编语言编写了一个小型的操作系统，来运行原本在 MULTICS 系统上的一个叫作太空大战（Space Travel）的游戏。完成之后，Ken Thompson 怀着激动的心情把身边同事叫过来，让他们来玩他的游戏，大家玩过之后纷纷表示对他的游戏不感兴趣，但是对他的系统很感兴趣。由于这个系统是 MULTICS 的删减版，于是把它称为 UNiplexed Information and Computing Service，缩写为 UNICS。后来大家取其谐音，就称其为 UNIX 了。这个时候已经是 1970 年了，于是就将 1970 年定为 UNIX 元年。1971 年，Ken Thompson 和 Ritchie 共同发明了 C 语言，之后他们用 C 语言重写了 UNIX，并于 1974 年正式对外发布。

UNIX 起初是免费的，其安全高效、可移植的特点使其在服务器领域得到了广泛的应用。1982 年，贝尔实验室解散后 UNIX 转为商业应用，并被很多大型数据中心所采用。

此外，各大型硬件公司，配合自己的计算机系统也纷纷开发出许多不同的 UNIX 版本，主要包括早期的 System V、UNIX 4.x BSD（Berkeley Software Distribution）、FreeBSD、OpenBSD、SUN 公司的 Solaris、IBM 的 AIX、主要用于教学的 MINIX 和现在苹果公司专用的 MAC OS X 等。

1.3.2　GNU 与开源

为了打破 UNIX 封闭生态的限制，Richard M.Stallman 在 1983 年发起一项名为 GNU 的国际性的源代码开放计划，并创立了自由软件基金会（Free Software Foundation，FSF）。自由软件基金会规定了四个自由。第一，基于任何目的运行程序的自由；第二，学习和修改源代码的自由；第三，重新分发程序的自由；第四，创建衍生程序的自由。GNU 强调“Free”一词，大部分人对它的理解是“免费”的，实际上这是不确切的，这里的“Free”指的是自由的软件，即可以自由获取并修改。虽然确实可以免费获得源码，但对于软件的咨询、售后服务、软件升级等增值服务是需要进行付费的，这就是自由软件的商业行为。GNU 的成立对推动 UNIX 操作系统及 Linux 操作系统的发展起到了非常积极的作用。

GNU 项目的目标是建立完全自由（Free）、开放源码（Open Source）的操作系统。但当时并没有这样的操作系统，Stallman 就先开发了适用于在 UNIX 上运行的小程序，如 Emacs、gcc（GNU C Compiler）和 Bash shell 等。

到了 1985 年，为了避免 GNU 所开发的自由软件被其他人所利用而成为专利软件，Stallman 发布了通用公共许可证（General Public License，GPL），即 GPL 协议。GPL 协议采取两种措施来保护程序员的权利：一是给软件以版权保护；二是给程序员提供许可证。GPL 协议给程序员复制、发布和修改这些软件提供了法律许可。在复制和发布方面，GPL 协议规定，“只要你在每一副本上明显和恰当地给出出版版权声明和不承担担保声明，保持此许可证的声明和没有担保的声明完整无损，并和程序一起给每个其他的程序接受者一份许可证的副本，你就可以用任何媒体复制和发布你收到的原始程序的源代码。你可以为转让副本的实际行为收取一定费用。你也有权选择提供担保以换取一定的费用。但是只要在一个软件中使用（“使用”指类库引用，包括修改后的代码或者衍生代码）GPL 协议的产品，则该软件产品必须也采用 GPL 协议，即必须也是开源和免费的。”

目前，除了 GPL 协议，常见的开源协议还有木兰协议、LGPL 协议、BSD 协议等。

木兰协议是我国首个开源协议，这一开源协议包括五个主要方面，涉及授予版权许可、授予专利许可、无商标许可、分发限制和免责申明与责任限制。在版权许可方面，木兰协议允许“每个‘贡献者’根据‘本许可证’授予您永久性的、全球性的、免费的、非独占的、不可撤销的版权许可，您可以复制、使用、修改、分发其‘贡献’，不论修改与否。”

LGPL 主要是为类库而设计的开源协议。和 GPL 要求任何使用、修改、衍生自 GPL

类库的软件必须采用 GPL 协议不同。LGPL 允许商业软件通过类库引用（link）方式使用 LGPL 类库而不需要开源商业软件的代码。这使得采用 LGPL 协议的开源代码可以被商业软件作为类库引用并发布和销售。但是如果修改 LGPL 协议的代码或者衍生代码，则所有修改的代码，包括修改部分的额外代码和衍生的代码都必须采用 LGPL 协议。

BSD 协议是一个自由度很大的协议。使用者可以自由地使用、修改源代码，也可以将修改后的代码作为开源或者专有软件再发布。当使用者在发布中使用了 BSD 协议的代码，或者以 BSD 协议代码为基础二次开发自己的产品时，需要满足以下 3 个条件：

（1）如果再发布的产品中包含源代码，则在源代码中必须带有原来代码中的 BSD 协议。

（2）如果再发布的只是二进制类库 / 软件，则需要在类库 / 软件的文档和版权声明中包含原来代码中的 BSD 协议。

（3）不可以用开源代码的作者 / 机构名字和原来产品的名字做市场推广。BSD 协议鼓励代码共享，但需要尊重代码作者的著作权。BSD 协议由于允许使用者修改和重新发布代码，也允许基于源代码开发商业软件并进行发布和销售，因此是对商业集成很友好的协议。

正因为自由软件的产生和源代码的公开，促进了 IT 技术的迅速发展。

1.3.3　Linux 的诞生

1991 年，芬兰赫尔辛基大学的学生 Linus Torvalds 在 MINIX 操作系统的基础上开发了一个新的操作系统内核。由于 GNU 计划提供的 bash 和 gcc 等自由软件，使得 Linus Torvalds 顺利地开发了这个新的操作系统内核，为其取名为 Linux 并将其开源，同时呼吁广大开发者一起完善 Linux 操作系统。之后，全球各地的程序员们与 Linus Torvalds 一起加入到了开发 Linux 的行列，为 Linux 添加了许多新特性。1994 年 3 月，在开发者的共同努力下，Linux 1.0 版本正式发布。

Linux 虽然起初并不是 GNU 计划的一部分，但它的历史与 GNU 计划密不可分。由于共同坚持的开源精神，Linux 与 GNU 计划走到了一起。目前，绝大多数基于 Linux 内核的操作系统使用了部分 GNU 软件。因此，严格地说，这些系统应该被称为 GNU/Linux。

如今，Linux 已经有很多个衍生版本。其中，Linux 发行版是指打包了 Linux 内核和一些系统软件及实用程序的套件。当前 Linux 发行版众多，这些发行版的主要不同之处在于：所支持的硬件设备及软件包配置不同。较为主流的 Linux 发行版有 Redhat、openSUSE、Ubuntu、deepin 等。

1.3.4　Linux 的版本

Linux 的内核版本可以通过访问 https://www.kernel.org 进行查看和下载。Linux 内核版本号由 3 个数字组成：第一个数字代表目前发布的内核主版本；第二个数字是偶数表示稳定版本，是奇数表示开发中的版本；第三个数字代表错误修补的次数。例如，openEuler 操作系统，openEuler20.03 LTS 内核版本为 4.19.90，这是一个开发中的内核版本，主版本号为 4，修补次数为 90 次，相比于内核的稳定版加入了很多新的功能。

Linux 的发行版本分为商业发行版和社区发行版，商业发行版以 Redbat 为代表，由商业公司维护，并提供收费服务，如升级补丁等。社区发行版由社区组织维护，一般免费，如 CentOS、Debian、openEuler 等。

1.3.5　Linux 与 UOS

Linux 内核是开源项目，UOS 的核心是 Linux 内核。Linux 作为一个采用 GPL 协议的操作系统，其内核与其他软件具有很好的透明性和开放性，而且经过长时间的实践建立了丰富的生态系统。基于 Linux 开发 UOS，可为 UOS 的发展打下坚实的基础。

1.4　系统安装基础知识

1.4.1　BIOS 概述

BIOS 是一种业界标准的固件接口，它本身就是一组固化在计算机主板上的程序集合，包括基本输入 / 输出程序、开机后自检程序及系统自启动程序等。

因为 BIOS 是计算机通电后第一个运行的程序，所以 BIOS 为计算机提供最底层的、最直接的硬件设置和控制。它主要有以下 3 个功能：第一是通电自检，即检查计算机硬件，包括 CPU、内存、硬盘、串口、并口等是否损坏，如果损坏则发出警报；第二是初始化，主要是创建中断向量、设置寄存器、设定硬件参数等，还要负责引导，执行引导程序；第三是程序服务处理和硬件中断处理，主要是将一部分与硬件处理相关的接口提供给操作系统，并处理操作系统指令和硬件中断的内容。

1.4.2　UEFI 和 Legacy

因为硬件发展迅速，传统 BIOS 已成为进步的“包袱”，现在已发展出最新的统一可扩展固件接口（Unified Extensible Firmware Interface，UEFI）。UEFI 是传统 BIOS 的替代产物，相比传统 BIOS，UEFI 在安全性、大容量硬盘支持、启动项管理、人机操作支持方面有明显的优势，所以未来 UEFI 将更为盛行。

自 UEFI 这种新型的 BIOS 架构推出以后，为了与之区分，传统 BIOS 被称为 Legacy。

1.4.3　分区和分区表

硬盘作为计算机主要的外部存储设备，通常具备比较大的存储空间（如 256GB、512GB、1TB 等）。为了有效利用、方便管理如此大的存储空间，一般采用硬盘分区的方式将硬盘拆分成一个或多个逻辑存储单元，一个逻辑存储单元即一个分区。根据分区方式的不同，在硬盘进行分区时需要在硬盘上记录不同的索引数据，用以维护硬盘上的分区信息（包括位置、大小等）。这个索引数据就是通常所说的分区表，常见的分区表有主引导记录（Master Boot Record，MBR）分区表和全局唯一标识磁盘分区表（GUID Partition Table，GPT）。

1.5 硬件要求

操作系统在安装前需要确保计算机满足表 1-1 所示的硬件要求，如果低于该配置要求，用户将无法很好地体验 UOS 桌面版。

表 1-1 UOS 桌面版安装硬件要求

硬件名称	要求
处理器	2.0GHz 多核或主频更高的处理器（推荐 2.4GHz 的奔腾 4 或主频更高的处理器，以及任意 AMD64 或 x86 处理器）
主内存	4GB 或更高的物理内存
硬盘	64GB 或更多可用的硬盘空间
显卡	推荐 1024 × 768 或更高的屏幕分辨率
声卡	支持大部分现代声卡

用户可以从 CD/DVD 驱动器、USB 引导或预启动执行环境（Preboot eXecution Environment，PXE）加载 UOS 进行安装，个人用户推荐使用 USB 引导 U 盘的方式进行安装。

任务 1-1 安装 UOS

任务规划

在操作系统安装之前，需要准备好要安装设备和启动盘。启动盘又称安装启动盘，它是写入了操作系统的镜像文件且具有特殊功能的移动存储设备（如 U 盘、光盘、移动硬盘等），主要用来在操作系统“崩溃”时进行修复和重装。启动盘可以通过 UOS 启动盘制作工具制作。因此，要完成在 Jan16 公司办公 PC 上安装 UOS，需要完成以下任务。

（1）制作启动盘；

（2）安装 UOS。

任务实施

下载镜像文件

1. 制作启动盘

制作启动盘前需要先准备一个容量不小于 8GB 的 U 盘，然后在统信软件官方网站下载镜像文件。

1）下载镜像文件

（1）在浏览器地址栏输入 https://www.uniontech.com/，打开统信软件官网首页，如图 1-5 所示。

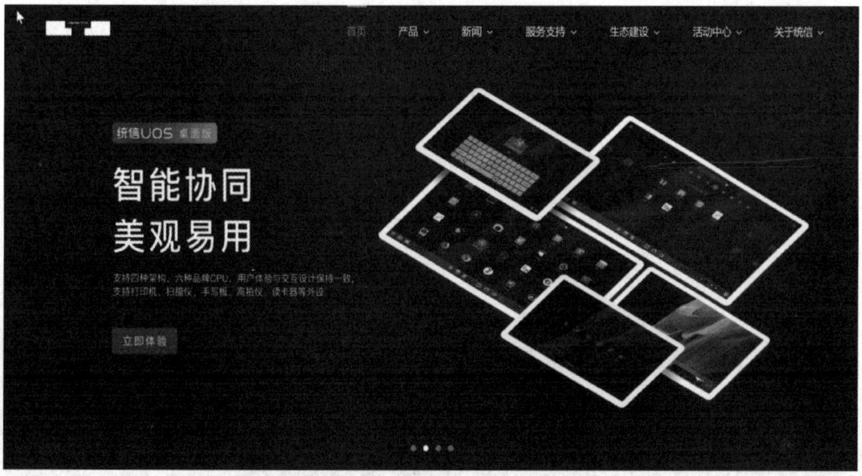

图 1-5　统信软件官网首页

（2）单击网页右上角的【注册】按钮，选择使用手机号或绑定微信注册统信软件账户，如图 1-6 所示。

图 1-6　统信软件生态社区界面

（3）在注册界面，输入手机号、密码、再次输入密码、手机验证码，勾选【我已同意并阅读】复选框，单击【注册】按钮，如图 1-7 所示。

图 1-7　注册界面

（4）进入官网，打开统信桌面操作系统界面，选择【家庭版】选项，然后单击页面左下角的【镜像下载】按钮，如图 1-8 所示。

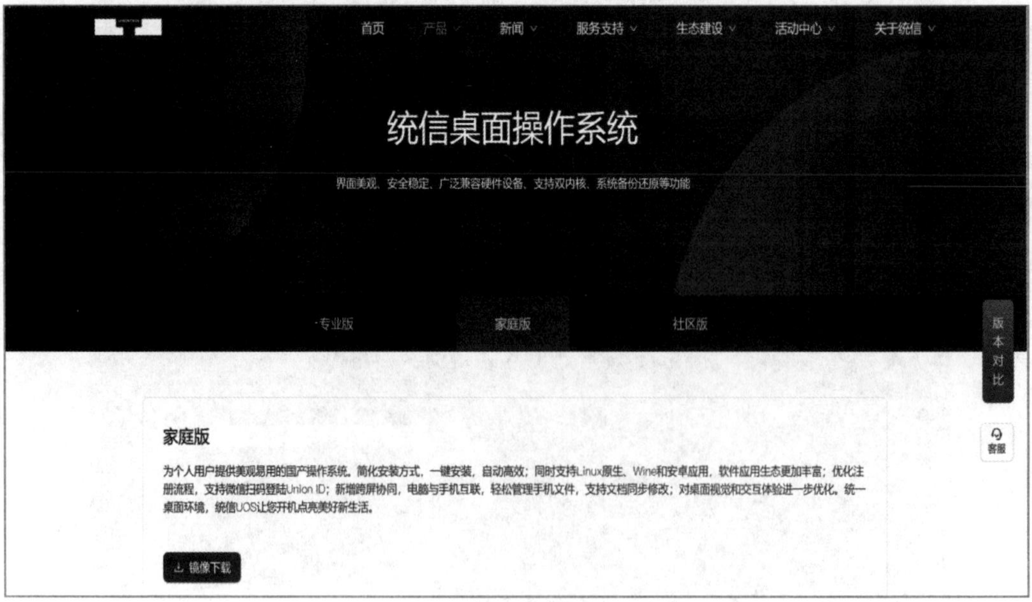

图 1-8　统信桌面操作系统界面

（5）在家庭版镜像下载界面，单击【官方下载】按钮，如图 1-9 所示。

图 1-9　家庭版镜像下载界面

（6）在打开的下载界面单击【浏览】按钮，选择镜像文件的保存位置，然后单击【下载】按钮即可完成 UOS 镜像文件的下载，如图 1-10 所示。

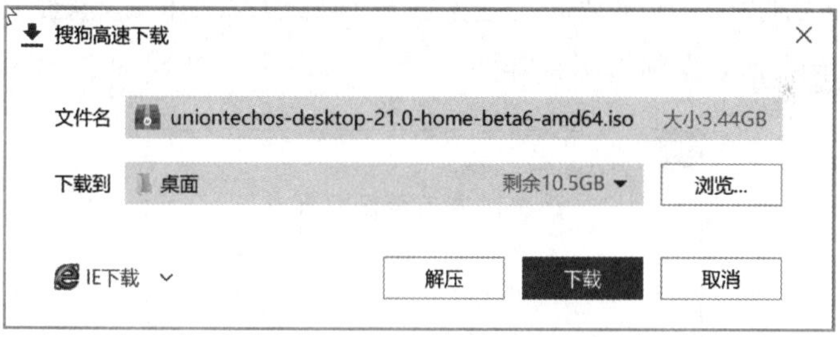

图 1-10　下载界面

2）制作 U 盘启动盘

（1）单击任务栏上的启动器图标，进入启动器界面，如图 1-11 所示。

U 盘启动盘制作

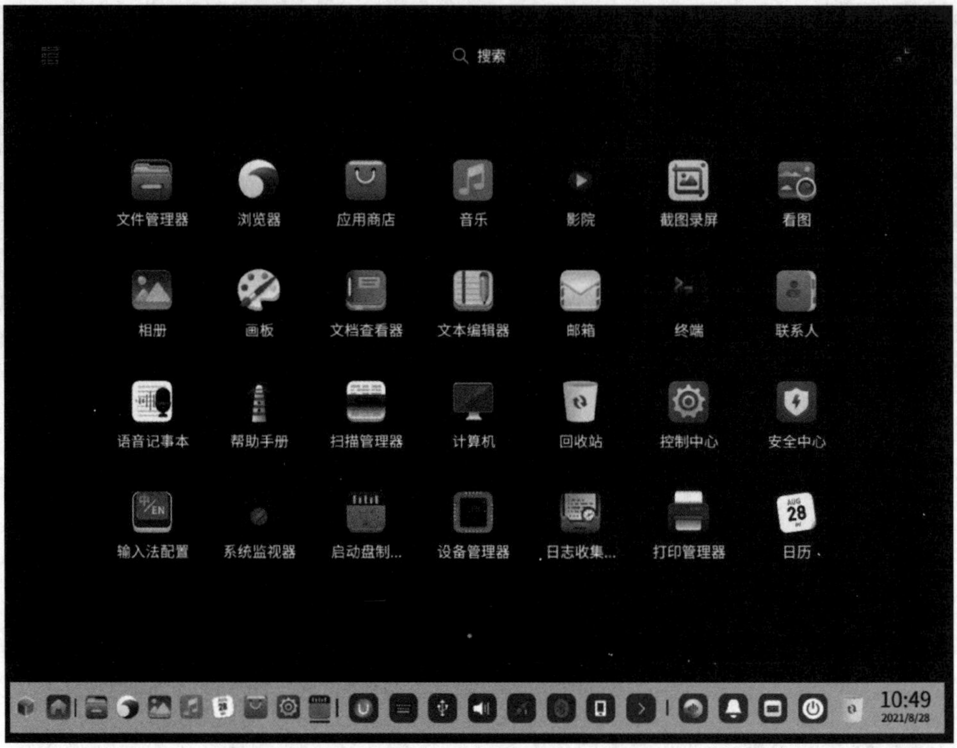

图 1-11　启动器界面

（2）上下滚动鼠标滚轮浏览或通过搜索，找到启动盘制作工具图标，并单击运行，打开如图 1-12 所示的启动盘制作工具界面。

图 1-12　启动盘制作工具界面

（3）将 U 盘插入计算机的 USB 接口，运行启动盘制作工具。

（4）在启动盘制作工具界面，单击【请选择光盘镜像文件】按钮，打开如图 1-13 所示的选择光盘镜像文件界面。

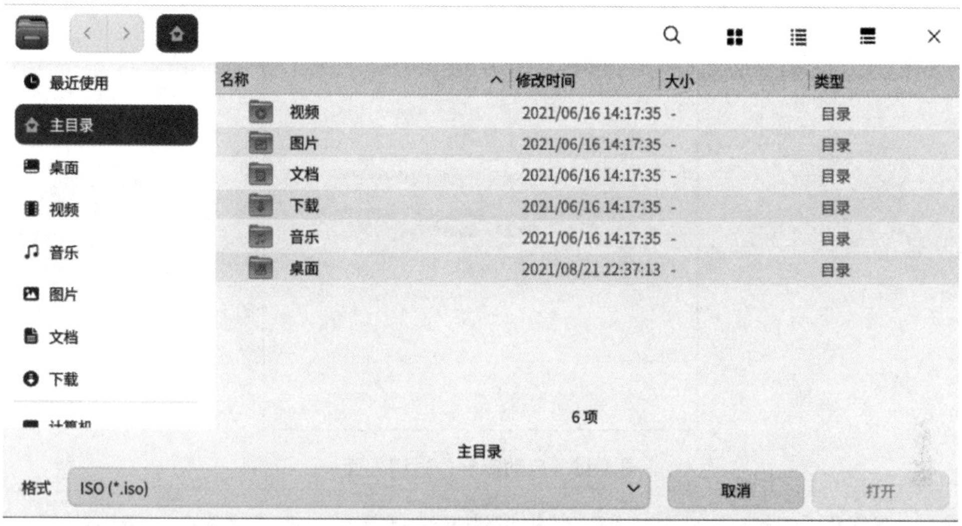

图 1-13　选择光盘镜像文件界面

（5）在左侧的文件目录中选择 UOS 镜像文件所保存的路径，如图 1-14 所示。或将镜像文件拖曳到启动盘制作工具界面上，然后单击【下一步】按钮，如图 1-15 所示。

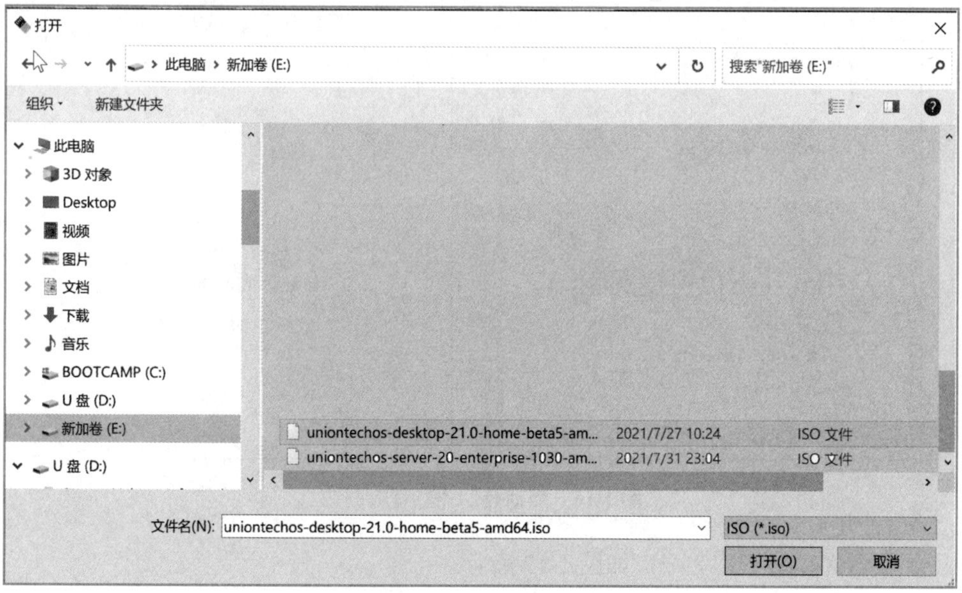

图 1-14　选择 UOS 镜像文件保存路径

图 1-15　启动盘制作过程界面一

（6）在界面上选择插入的 U 盘，并根据情况选择是否勾选【格式化磁盘可提高制作成功率】复选框，然后单击【开始制作】按钮即可开始制作启动盘，如图 1-16 所示。

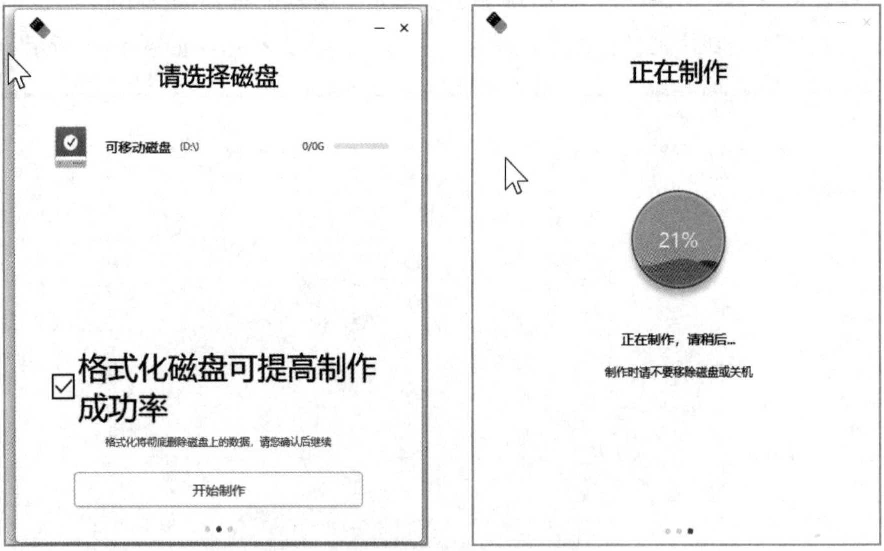

图 1-16　启动盘制作过程界面二

（7）U 盘启动盘制作完成，如图 1-17 所示。

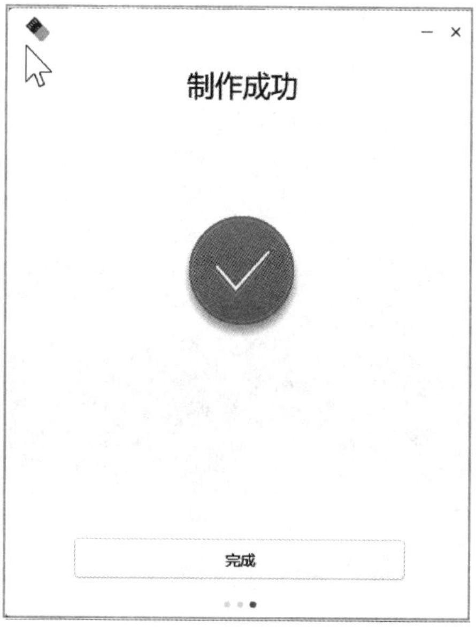

图 1-17　U 盘启动盘制作完成界面

2. 安装 UOS

以使用 U 盘启动盘安装 UOS 为例，演示 UOS 的安装过程。

1）安装引导

（1）在 PC 上插入已经制作好的 U 盘启动盘。

（2）启动计算机，按快捷键（如 F2），进入 BIOS 设置界面，将 U 盘设置为第一启动项并保存设置（不同的主板，设置方式不同），如图 1-18 所示。

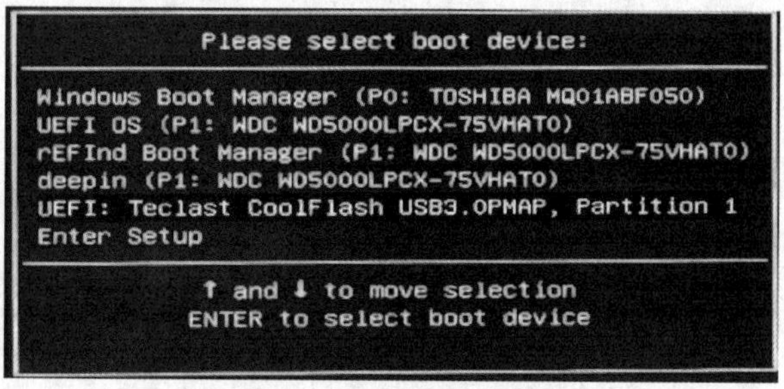

图 1-18　BIOS 设置界面

安装 UOS

（3）重启计算机，即可从 U 盘引导进入 UOS 的安装界面。

（4）在 Boot menu 界面默认选中【Install UOS 20 desktop】选项，如图 1-19 所示。若按【↓】方向键选中【Check iso md5sum】选项，则系统会检测当前 iso 文件的 md5 值是否正确，检测成功后会提示 checksum success。

图 1-19　Boot menu 界面

2）选择语言

（1）倒计时 5 秒结束后，进入安装界面，首先选择要安装的语言，系统默认选择的语言为简体中文，勾选【我已仔细阅读并同意《UOS 操作系统最终用户许可协议》】复选框，然后单击【下一步】按钮，如图 1-20 所示。

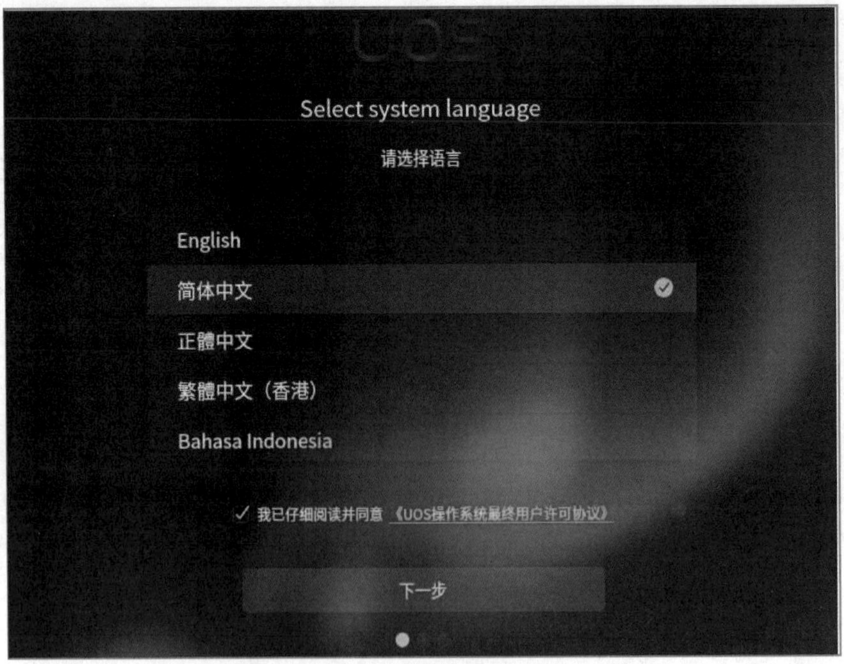

图 1-20　选择语言界面

（2）如果在选择语言界面单击右上角的【关闭】按钮，则终止安装；如果单击【继续安装】按钮将返回上一个界面；如果单击【终止安装】按钮将取消此次安装，系统直接关机。

说明：在系统安装之前，界面右上角都会显示关闭按钮，如果用户需要退出安装器，则可单击【关闭】按钮随时终止系统安装而不会对当前磁盘和系统产生任何影响。

3）选择安装位置

选择系统语言后进入选择安装位置界面，有手动安装和全盘安装两种安装类型。通过手动安装、全盘安装来对一块或者多块硬盘进行分区和系统安装，在磁盘分区界面会显示当前磁盘的分区情况和已使用空间 / 可用空间情况。

注意：①请在选择安装位置前备份好重要数据，避免数据丢失。

②在 Window 系统下再安装 UOS，分区时可以看到 Window 系统的标识，切记不要覆盖 Windows 分区。

（1）手动安装。

在选择安装位置界面选择【手动安装】，在手动安装界面，当程序检测到当前设备只有一块硬盘时，安装列表相应地只显示一块硬盘，当程序检测到多块硬盘时，列表会显示多块硬盘。选中将要安装系统的磁盘并单击右侧的【新增】按钮，如图 1-21 所示。

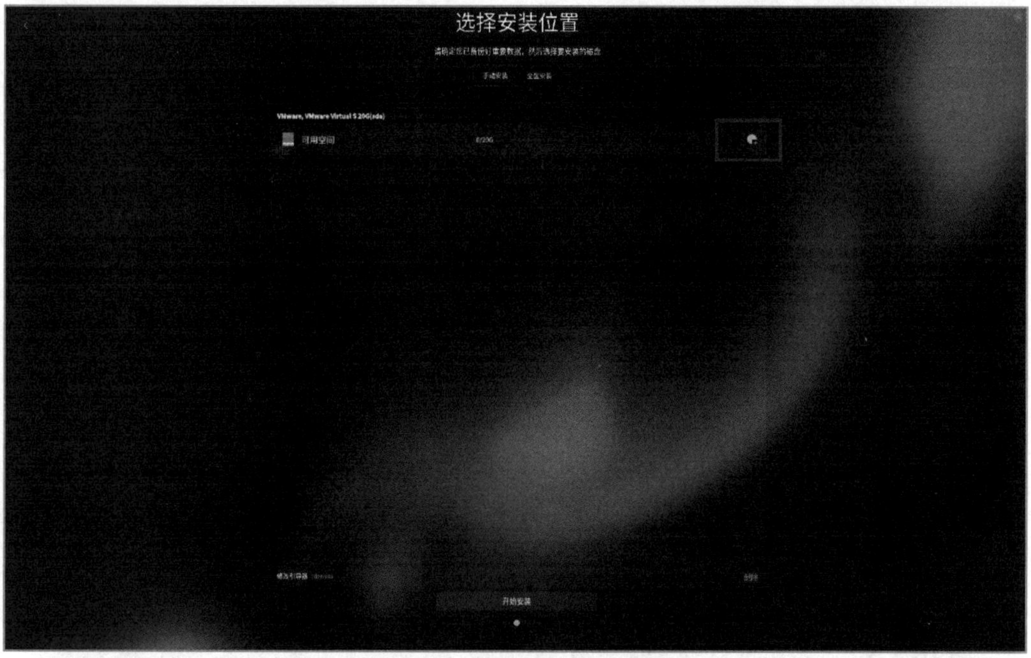

图 1-21　选择安装位置界面

在新建分区界面自定义设置分区类型、位置、文件系统、挂载点及大小。在【文件系统】下拉列表中可以选择 ext4、ext3、交换分区等；在【挂载点】下拉列表中可以选择不同的挂载点，如 /、/home、/var 等。单击【新建】按钮，即可新建分区，如图 1-22 所示。

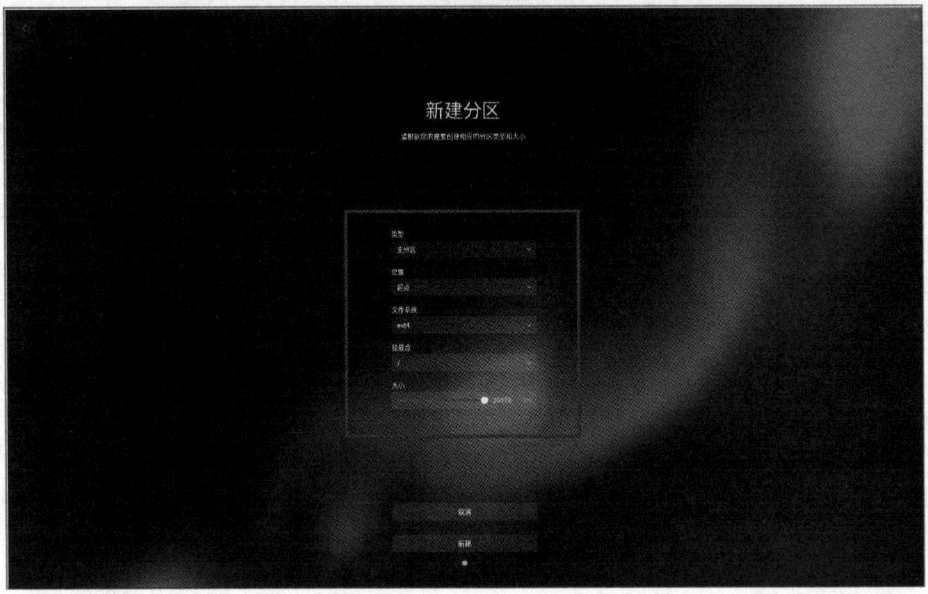

图 1-22　新建分区界面

在选择安装位置界面可以看到新建的分区，如图 1-23 所示。选中新建的分区，单击新建分区末尾的删除按钮，即可直接删除选中的分区，删除后的分区会变成空白分区，还可以进行其他分区操作。

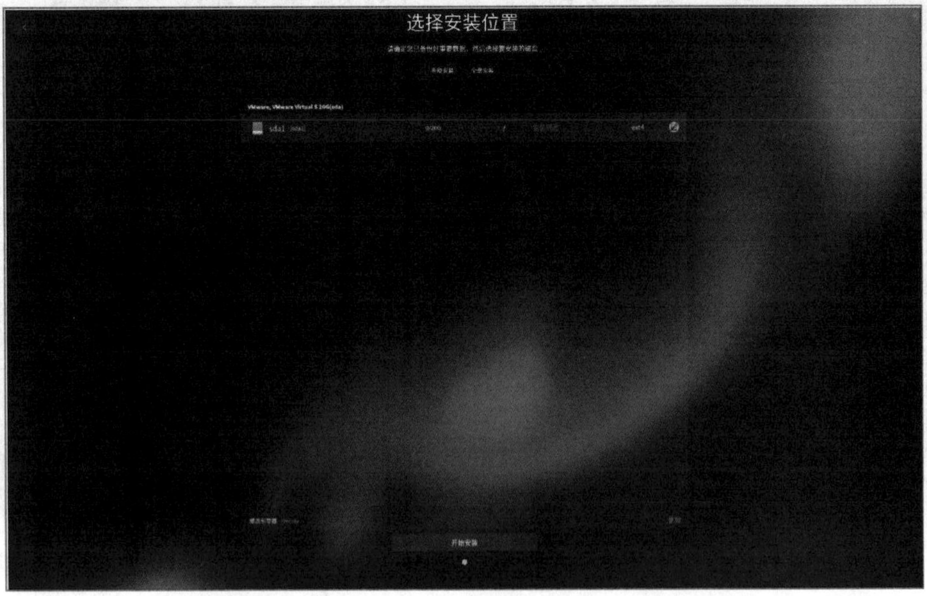

图 1-23　分区情况

注意：① 当 UEFI 引导磁盘格式为 GPT 时，分区类型全部为主分区。

② 当 Legacy 引导磁盘格式为 MS-DOS 时，硬盘上最多只能划分 4 个主分区，主分区用完后可以使用逻辑分区。

③ 在选择安装位置界面进行的新建分区、删除分区操作只是对虚拟分区的操作，不会影响到物理磁盘分区。

在手动安装界面有修改引导器，单击【修改引导器】按钮后，即可进入选择引导安装位置界面。引导器默认安装在根分区所在的硬盘，安装在其他分区是为了保留引导配置文件，安装在其他硬盘是为了调整多硬盘的引导位置以适应 BIOS 的启动顺序，一般使用默认推荐即可。

（2）全盘安装。

当系统检测到当前设备只有一块硬盘时，硬盘图标会在界面居中显示。当系统检测到当前设备有多块硬盘时，磁盘分区界面会以列表模式分别显示为系统盘和数据盘。如果选择系统盘进行安装，则分区方案和单硬盘分区方案一致；如果选择数据盘进行安装，那么数据盘会变成系统盘，数据盘中的数据也会被格式化，原来的系统盘同时会变成数据盘。选中硬盘后系统将使用默认的分区方案对磁盘进行分区，结果如图 1-24 所示。

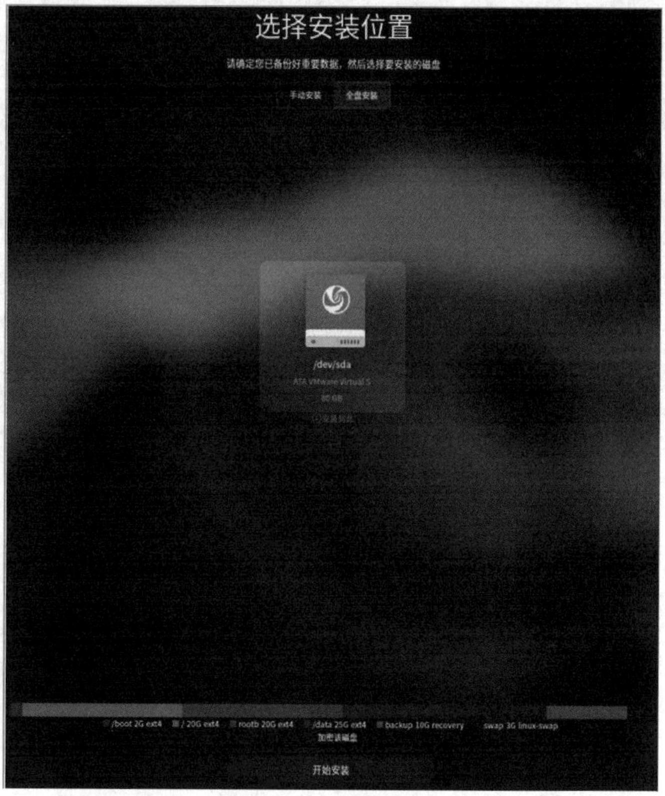

图 1-24　全盘安装界面

说明：当使用多硬盘进行全盘安装时，选中系统盘后，界面会显示除系统盘之外的所有盘。

在界面下部有【加密该磁盘】复选框，勾选后，单击【下一步】按钮，将进入加密该磁盘界面，输入安全密钥并确认。

全盘加密安装成功后，在系统启动时界面会出现密码框，输入正确的密码即可正常登录系统。

4）安装

完成分区操作后，单击【开始安装】按钮，进入准备安装界面，如图 1-25 所示。在准备安装界面会显示分区信息和相关警告提示信息，用户确认信息后，单击【继续】按钮，将进入正在安装界面。

图 1-25　准备安装界面

5）返回机制

在准备安装界面进行新建分区等操作过程中，左上角会出现返回按钮，单击即可返回到选择安装位置界面。

说明：在 Boot menu 界面和正在安装界面，返回按钮和关闭按钮会自动隐藏。

6）安装成功

在正在安装界面，系统将自动安装 UOS 直至完成。在安装过程中，系统会显示当前安装的进度状况，介绍系统的新功能和新特色，如图 1-26 所示。

图 1-26　正在安装界面

安装成功后，单击【立即体验】按钮，系统会自动重启，重启完成后会进入 UOS。安装成功界面如图 1-27 所示。

图 1-27　安装成功界面

7）安装失败

如果系统安装失败了，会出现安装失败提示信息，用户可以通过手机扫描安装失败二维码，将失败日志反馈到服务器并留下邮箱，以便于联系。单击二维码区域右上角可查看安装失败详情。

单击【保存日志】按钮进入保存日志界面，将错误日志保存到存储设备中，以方便工程师更好地解决问题。

注意：保存日志只能识别外置 U 盘或硬盘，并不能识别当前系统盘和系统安装引导盘。

任务验证

桌面管理员启动赵工的电脑，若 UOS 能正常启动，进入如图 1-28 所示的 UOS 桌面，则说明系统安装成功。

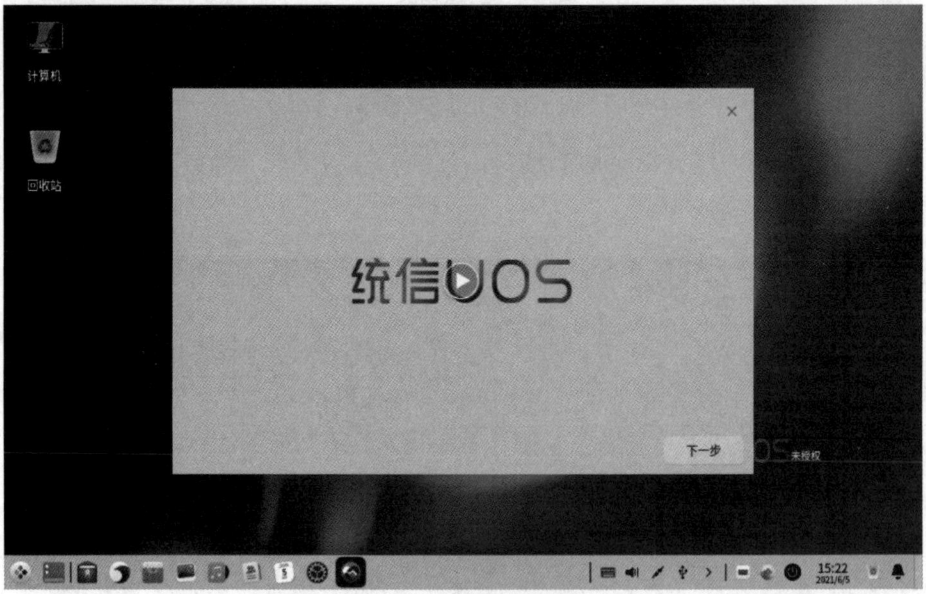

图 1-28　UOS 桌面

任务 1-2　UOS 初始化设置

任务规划

Jan16 公司办公电脑 UOS 安装完毕后，为了更便捷地使用 UOS 开展日常工作，需要对操作系统进行初始化设置，如选择时区、设置时间、创建用户等。

Jan16 公司 PC 初始化 UOS，可通过以下步骤实现。

（1）初始化配置；

（2）登录与激活。

任务实施

系统初始化

1. 初始化配置

1）选择语言

在选择语言下拉列表中选择【简体中文】选项，同时勾选页面下方【同意】和【我已仔细阅读并同意】复选框，单击【下一步】按钮，如图 1-29 所示。

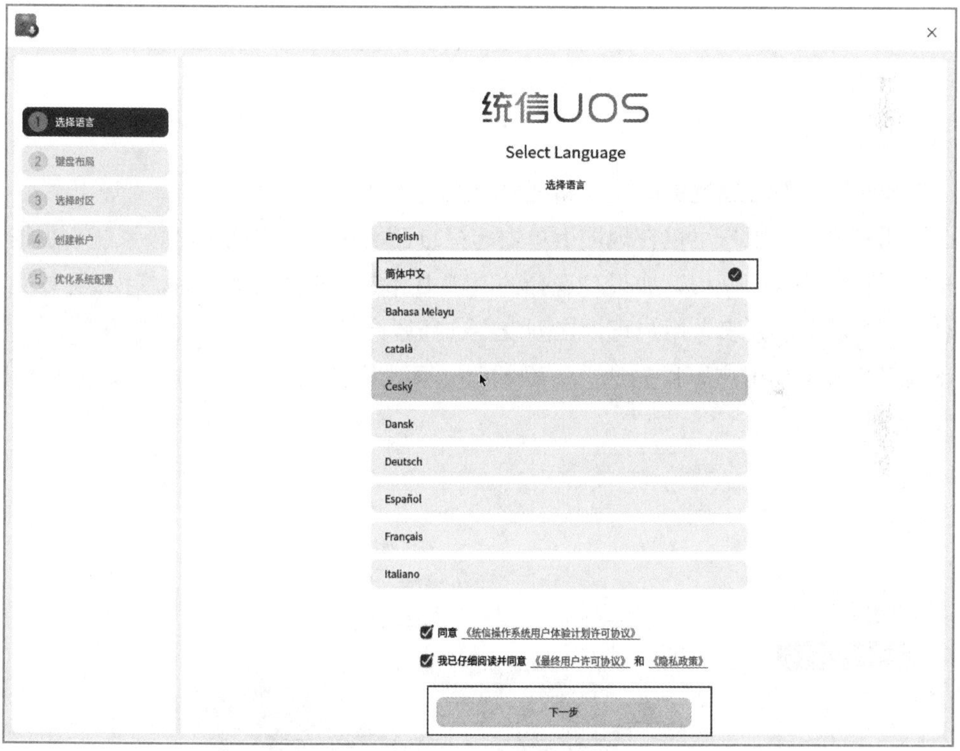

图 1-29　语言设置界面

2）设置键盘布局

单击界面左侧的【键盘布局】，在键盘布局界面，用户可以自定义设置键盘布局，并在测试区域对键盘进行测试，默认选择的键盘布局为“汉语”，如图 1-30 所示。键盘布局后，返回创建用户界面，单击【下一步】按钮，进入时区配置界面。

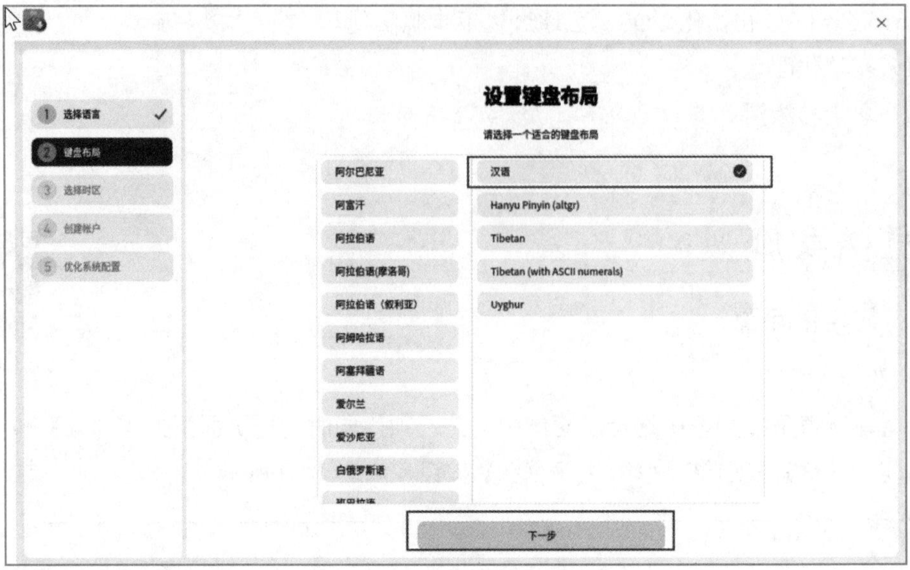

图 1-30 键盘布局界面

3）设置时区

在选择时区界面可通过地图模式和列表模式选择时区。

在地图模式下，用户可以在地图上单击选择自己所在的国家或地区，系统会根据选择显示相应国家或地区的城市。如果被选择的区域中有多个国家或地区时，系统会以列表的形式显示多个城市的列表，用户可以在列表中选择城市。

在列表模式下，用户可以先选择所在的区域再选择自己所在的城市，如选择“亚洲 - 成都”，如图 1-31 所示。

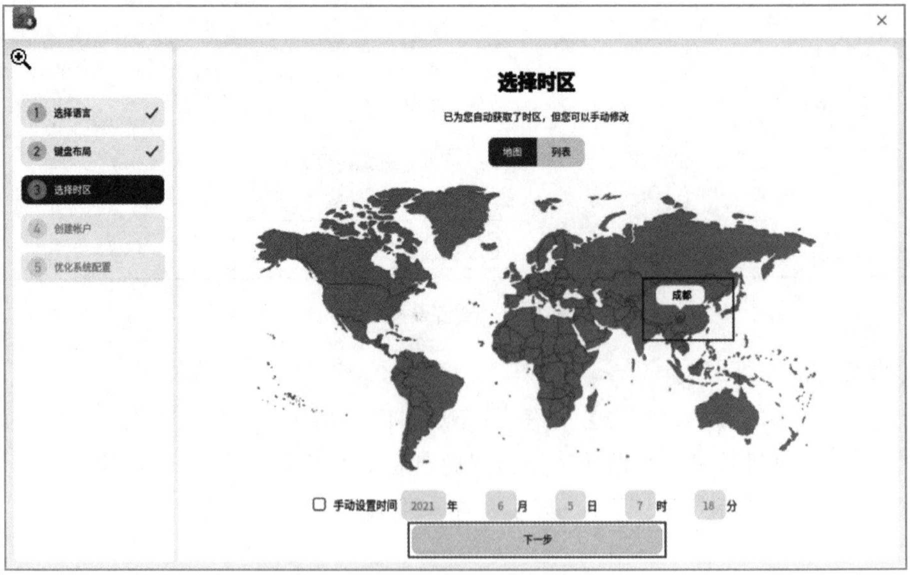

图 1-31 选择时区界面

在选择时区界面下方，勾选【手动设置时间】复选框，可以手动设置时间。单击【下一步】按钮，即可进入创建账户界面。

4）创建账户

在创建账户界面可以设置用户头像、用户名、计算机名、密码等，如图 1-32 所示。输入相关信息后，单击【下一步】按钮，进入优化系统配置界面。

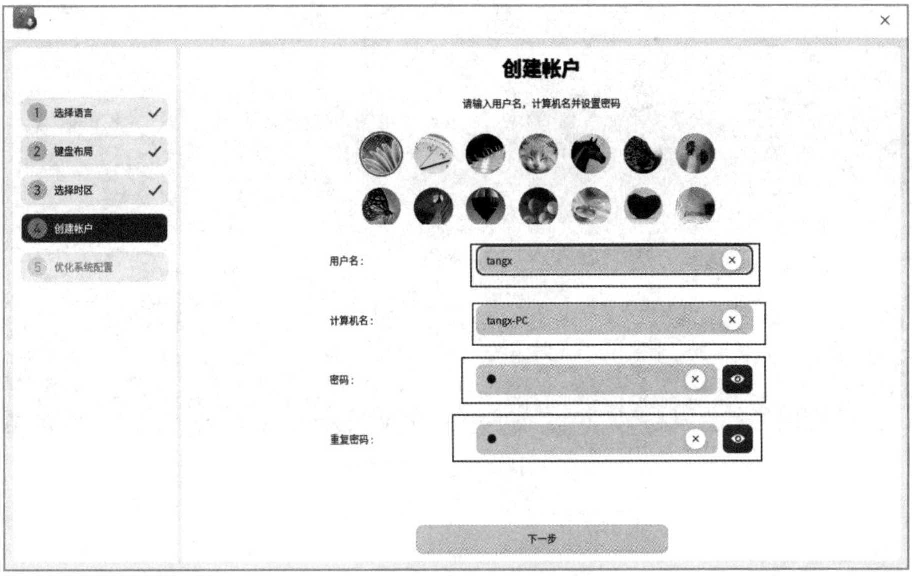

图 1-32　创建账户界面

5）优化系统配置

优化系统配置界面如下图 1-33 所示。

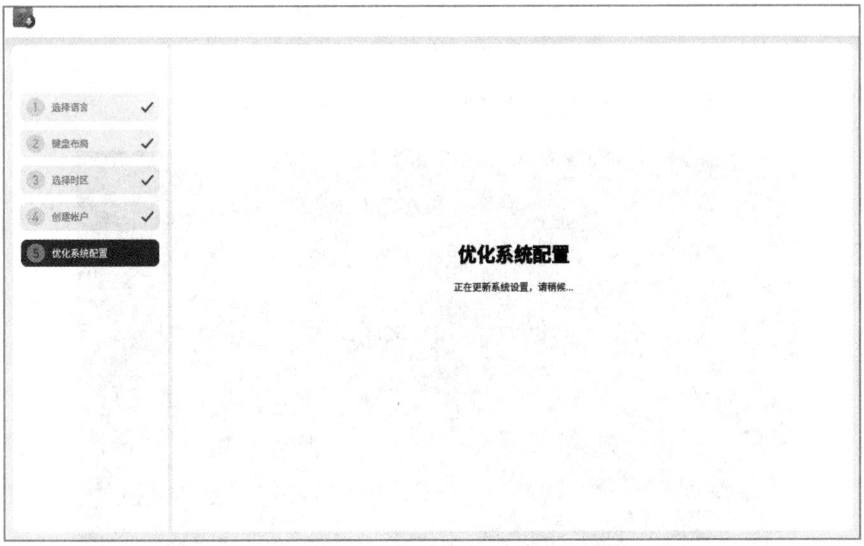

图 1-33　系统优化配置界面

系统自动优化完成后会进入如图 1-34 所示的用户登录界面，输入正确的密码后，可以直接进入操作系统界面开始 UOS 应用体验。

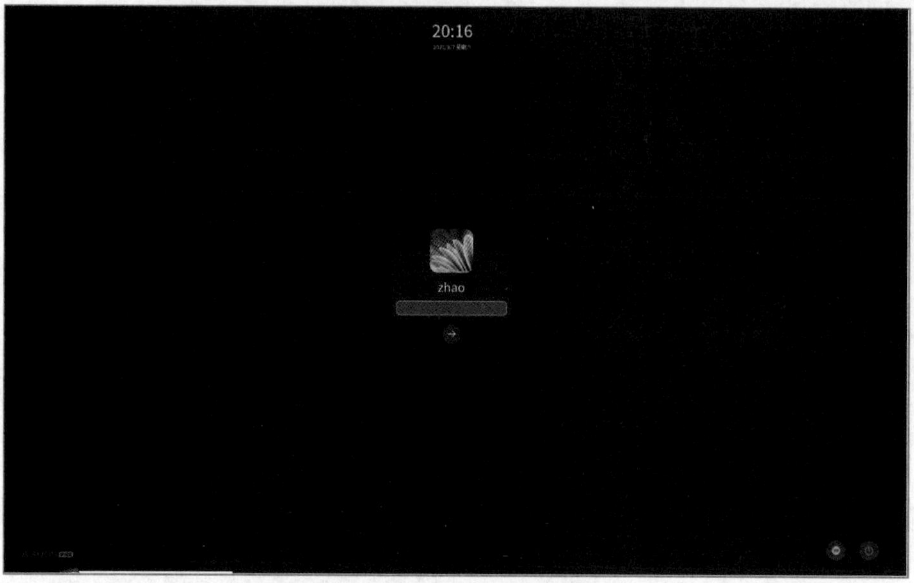

图 1-34　用户登录界面

2. 登录与激活

1）登录

UOS 安装完成后，就附带安装了 GRUB。为了易于使用，UOS 对 GRUB 的主题进行了定制和美化；为了适用不同厂商的固件，UOS 也对 GRUB 进行了修改。

GRUB 菜单允许用户对启动的操作系统和内核进行选择。GRUB 界面设计了倒计时功能，当倒计时结束，用户不做任何选择时，将以默认配置启动。按【↑】键或【↓】键可选择不同的配置，按【Enter】键即可进行确认，如图 1-35 所示。

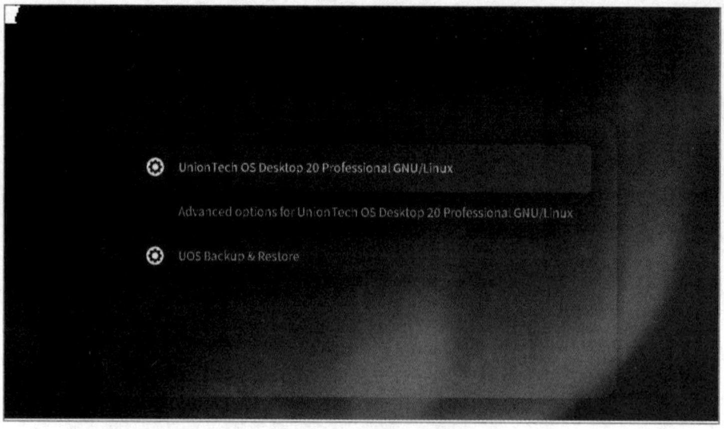

图 1-35　GRUB 菜单

启动计算机后默认进入 UOS，所有用户都必须被认证后才能登录操作系统。启动操作系统后，系统会提示用户输入用户名和密码，即安装操作系统时创建的用户名和密码。LightDM-deepin-greeter 指的是如图 1-36 所示的 UOS 的登录界面，它提供了用户交互接口。LightDM-deepin-greeter 具备切换用户、电源操作、注销、重启等功能。

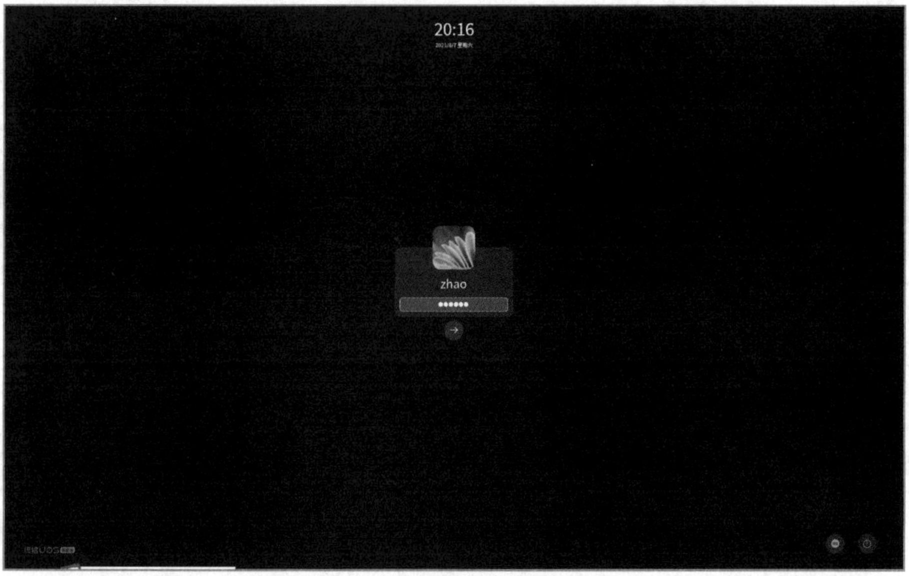

图 1-36　UOS 的登录界面

2）切换用户

（1）在 UOS 桌面，单击任务栏右侧的【电源】按钮。

（2）系统进入切换桌面环境界面，单击【切换用户】按钮，如图 1-37 所示。

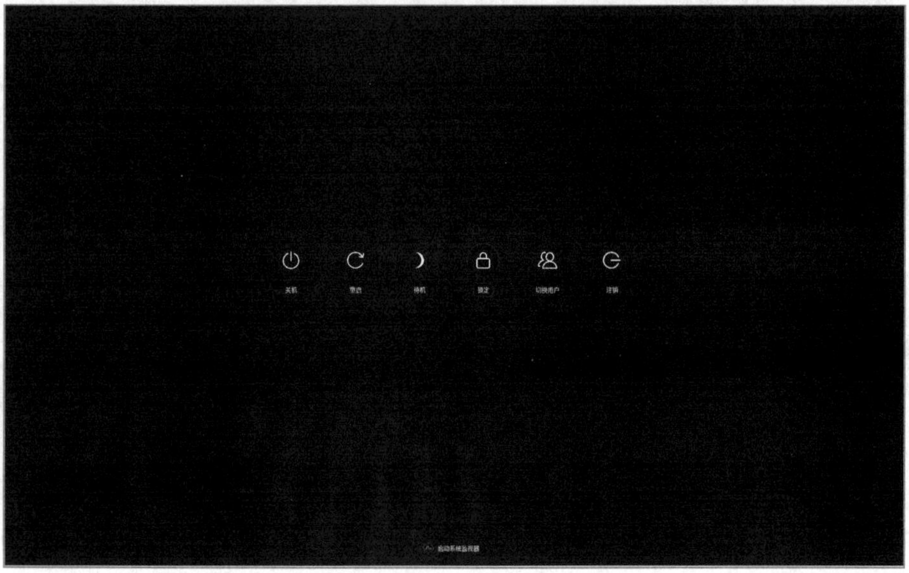

图 1-37　切换桌面环境界面

（3）系统弹出用户列表，选择需要登录的用户，当认证通过后，LightDM 会使用该用户的权限启动桌面环境，如图 1-38 所示。当系统只有一个用户时，切换用户按钮将自动隐藏。

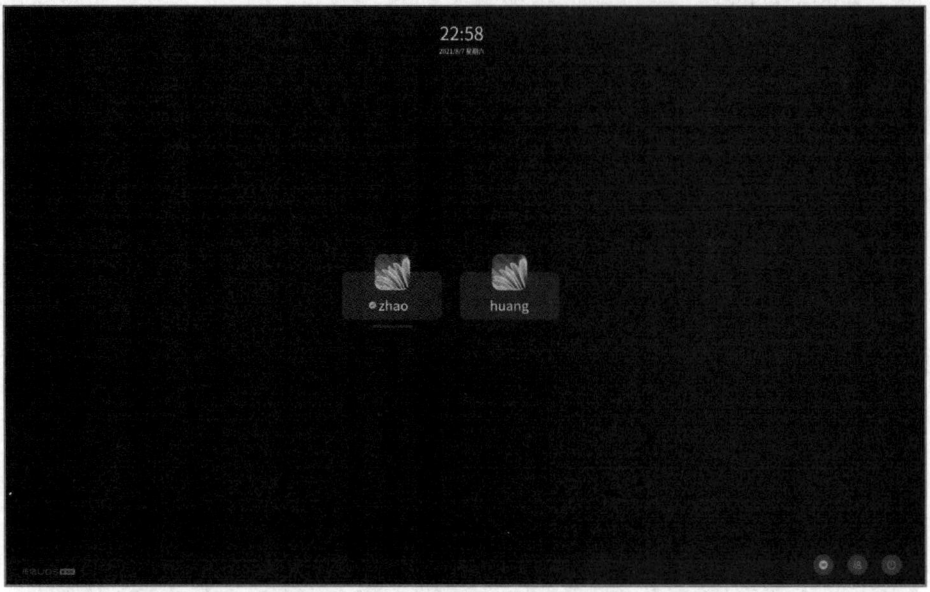

图 1-38　用户列表

3）电源操作

在 UOS 桌面，单击任务栏右侧的【电源】按钮，系统会弹出与电源操作相关的列表，包括关机、重启、待机、锁定等，如图 1-39 所示。单击【关机】或【重启】按钮，即可关闭系统或重启系统。

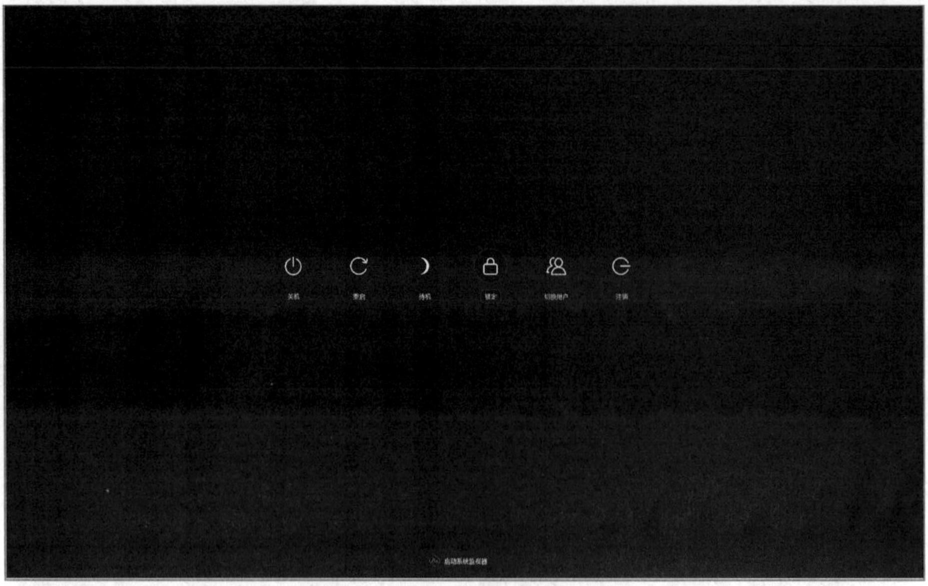

图 1-39　电源操作相关列表

4）注销

注销是清除当前登录的用户信息，计算机注销后，可以使用其他用户账户登录。

（1）在 UOS 桌面，单击任务栏右侧的【电源】按钮。

（2）在切换桌面环境界面，单击【注销】按钮，退出系统，如图 1-40 所示。

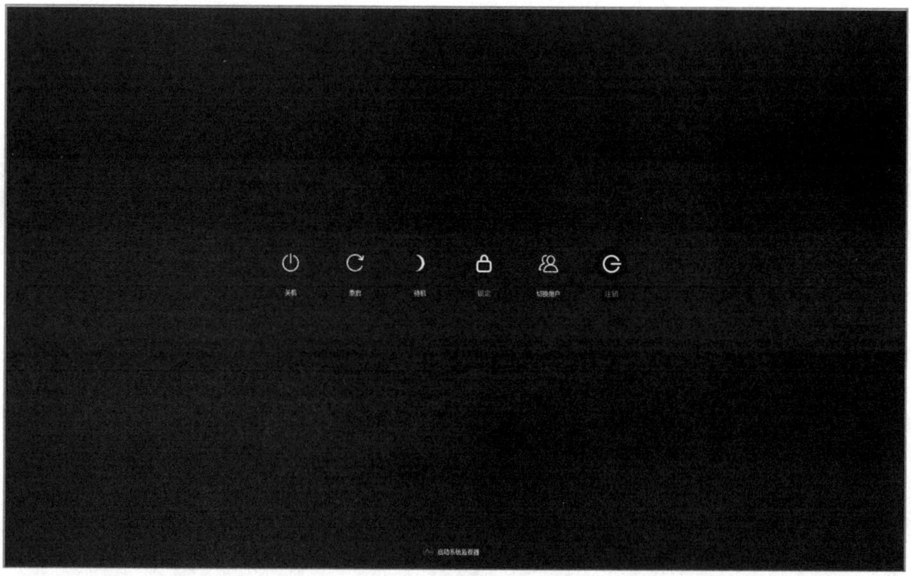

图 1-40　注销用户界面

5）激活

计算机操作系统在未激活状态下，在授权管理工具中可以查看未激活的详细信息。查看系统是否激活有两种方法。

方法一：单击系统桌面右下角托盘上的【授权管理】按钮，进入授权管理界面，查看激活状态，若显示未激活，则代表 UOS 未被激活，如图 1-41 所示。

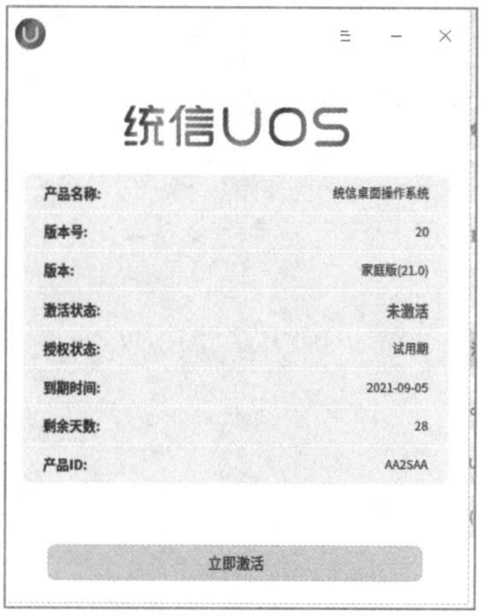

图 1-41　授权管理界面

方法二：在系统信息里查看。

（1）单击【设置】按钮，打开如图1-42所示的控制中心首页，然后单击【系统信息】图标。

图 1-42　控制中心首页

（2）在弹出的右侧菜单中，单击【关于本机】选项，即可查看 UOS 的版本号、类型等相关信息，如图 1-43 所示。然后单击【激活】按钮，进入授权管理界面，其显示的系统激活状态为【未激活】，如图 1-44 所示。

图 1-43　关于本机界面

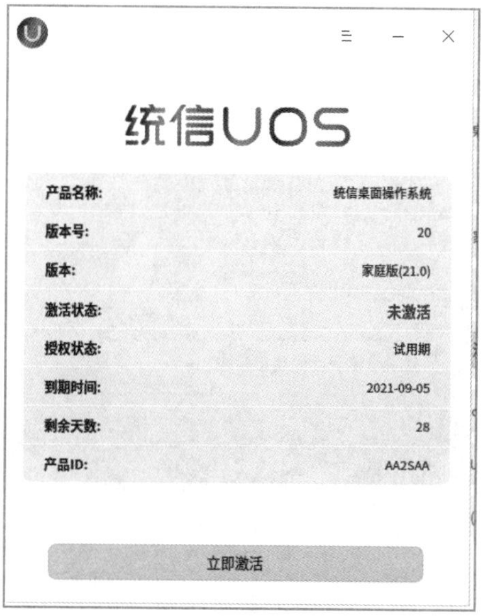

图 1-44　授权管理界面

说明：如果系统未激活，【系统管理】按钮在开机后会一直显示在右下角的托盘中。

UOS 支持在线激活，具体步骤如下：

（1）在授权管理界面，单击【立即激活】按钮，进入如图 1-45 所示的 Union ID 登录界面，使用在统信官网下载镜像文件时注册的账号、密码登录。

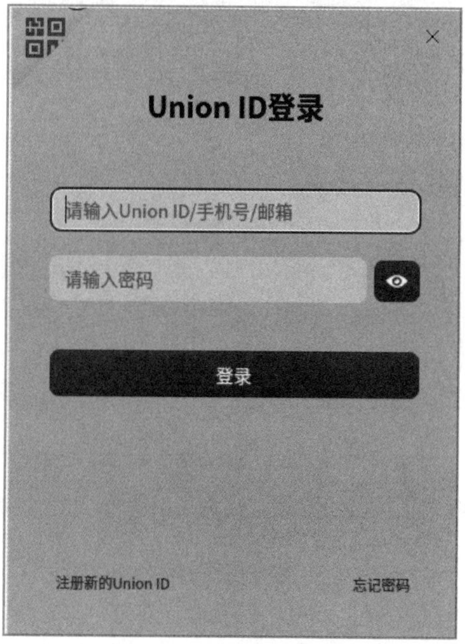

图 1-45　Union ID 登录界面

（2）在文本框中输入手机号、密码，单击【登录】按钮，如图 1-46 所示。

图 1-46　输入 Union ID

（3）系统弹出激活 UOS 界面，如图 1-47 所示。

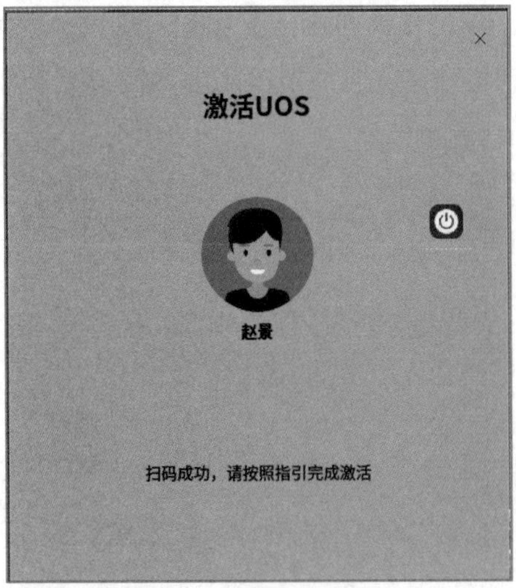

图 1-47　激活 UOS 界面

系统激活

（4）在手机端单击【确认激活】按钮，如图 1-48 所示。

图 1-48　手机端授权

（5）系统弹出已激活界面，操作系统的名称、版本号、版本、激活状态、产品 ID 同步显示在界面上，如图 1-49 所示。

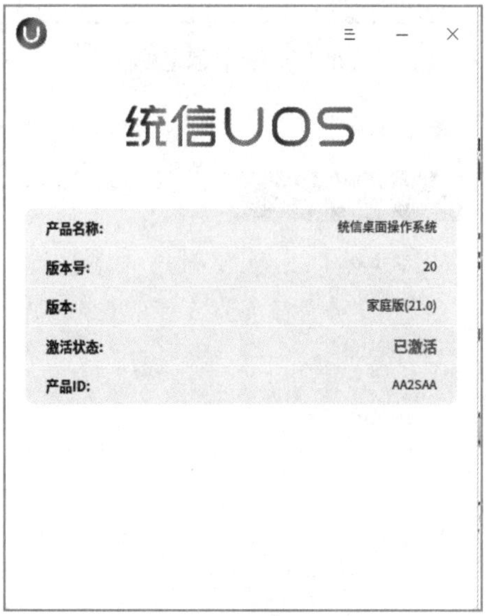

图 1-49　系统激活界面

6）开发者权限获取

（1）打开控制中心首页，单击【通用】按钮，如图 1-50 所示。

图 1-50　控制中心首页

（2）选择【开发者模式】选项，单击【进入开发者模式】按钮，如图 1-51 所示。

图 1-51　开发者模式

进入开发者模式有两种方式：在线激活和离线激活，如图 1-52 所示。在线激活方式和系统在线激活方式相同，不再赘述，下面重点介绍如何进行离线激活。

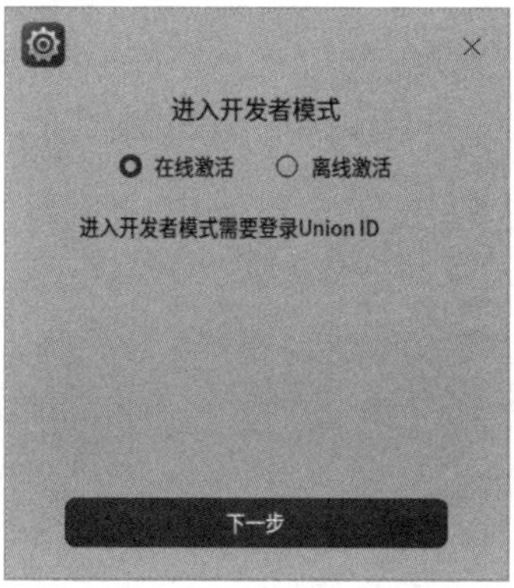

图 1-52　开发者模式界面

（3）选择【离线激活】选项，单击【下一步】按钮。

小窍门

离线激活的 3 个步骤：

- 导出机器信息；
- 前往 https://www.chinauos.com/developMode 下载离线证书；
- 导入证书。

（4）在如图 1-53 所示的开发者模式界面，单击【导出机器信息】按钮，此时默认保存的是一个 json 文件。

图 1-53　开发者模式界面

（5）选择要保存的目录，单击【保存】按钮，此处 json 文件保存在桌面上，如图 1-54 所示。

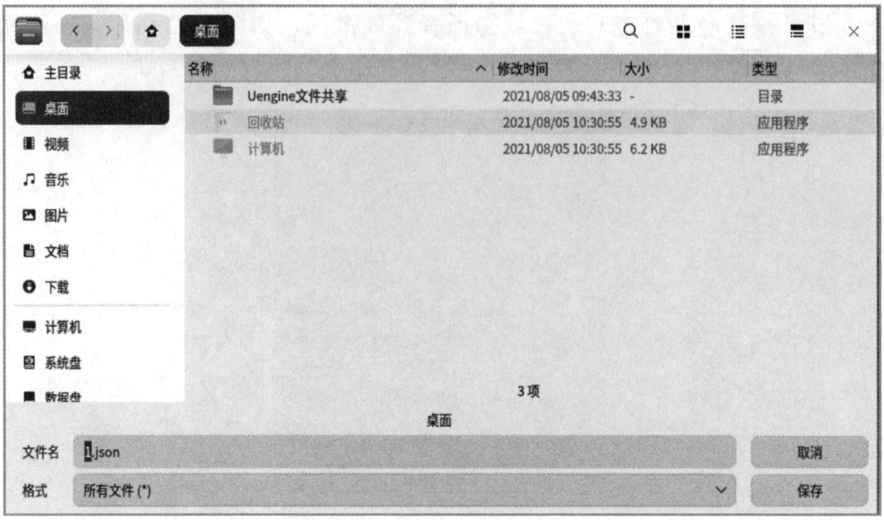

图 1-54　保存机器信息文件

（6）打开浏览器访问网址 https://www.chinauos.com/developMode，单击【上传机器信息】下的【点击上传】按钮，如图 1-55 所示，即可把下载到桌面上的 json 文件上传到网站，如图 1-56 所示。

图 1-55　上传机器信息网页界面

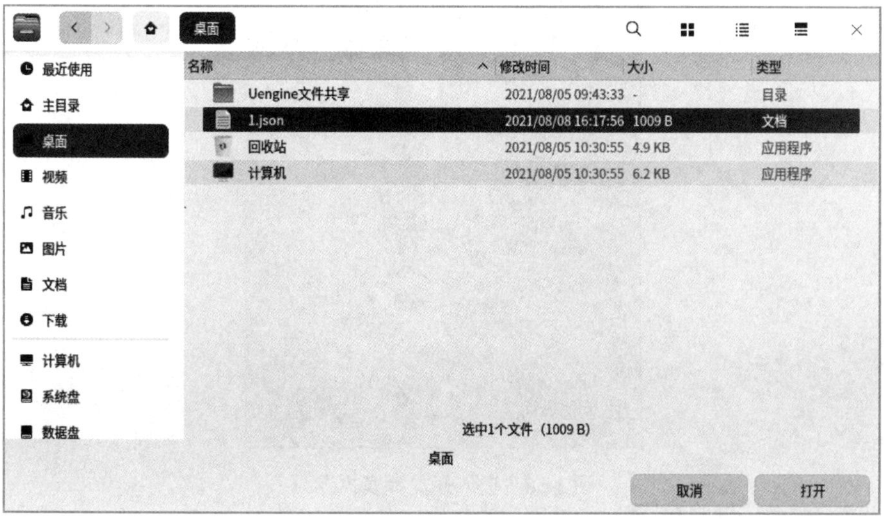

图 1-56　上传机器信息

（7）在网页上，单击第三步下载离线证书下的【点击下载】按钮，下载离线证书，如图 1-57 所示。

图 1-57　下载离线证书界面

（8）回到进入开发者模式界面，单击【导入证书】按钮，如图 1-58 所示。

图 1-58　进入开发者模式界面

（9）选择下载好的离线证书，将下载好的离线证书导入到机器里，如图 1-59 所示。然后根据提示重启系统，如图 1-60 所示。

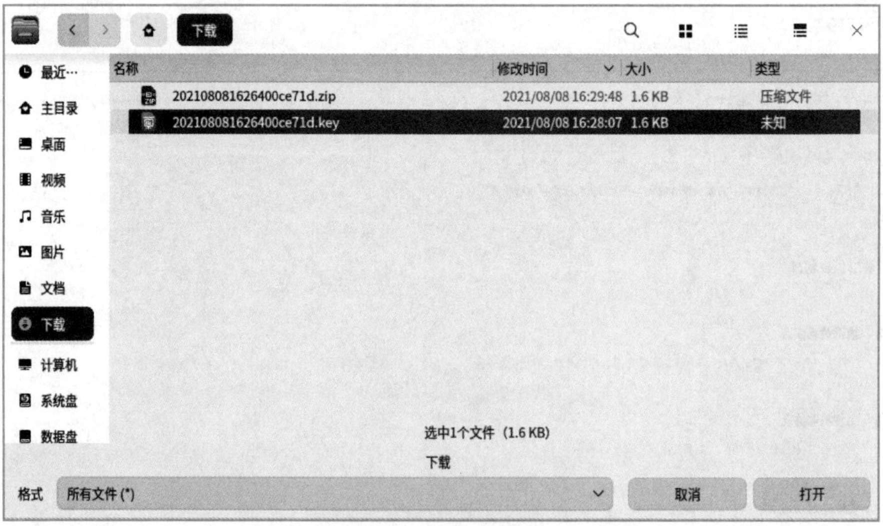

图 1-59　导入离线证书

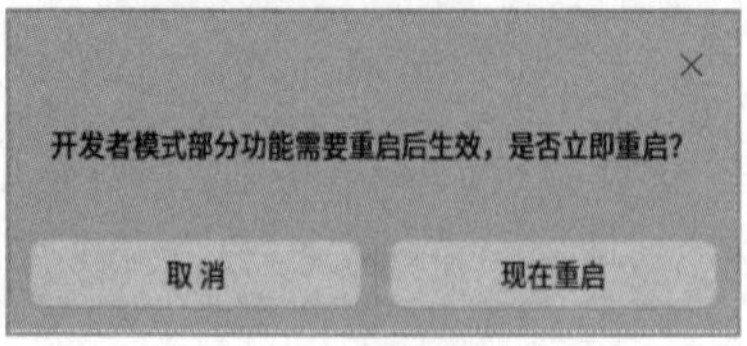

图 1-60　提示重启

（10）重启电脑后，再次单击【开发者模式】选项，查看开发者模式是否授权成功，如图 1-61 所示。

图 1-61　开发者模式界面

任务验证

1. 登录系统，验证系统初始化是否正确

重启系统，查看时间、键盘、时区、账户的初始化配置是否正常，如图 1-62 和图 1-63 所示。

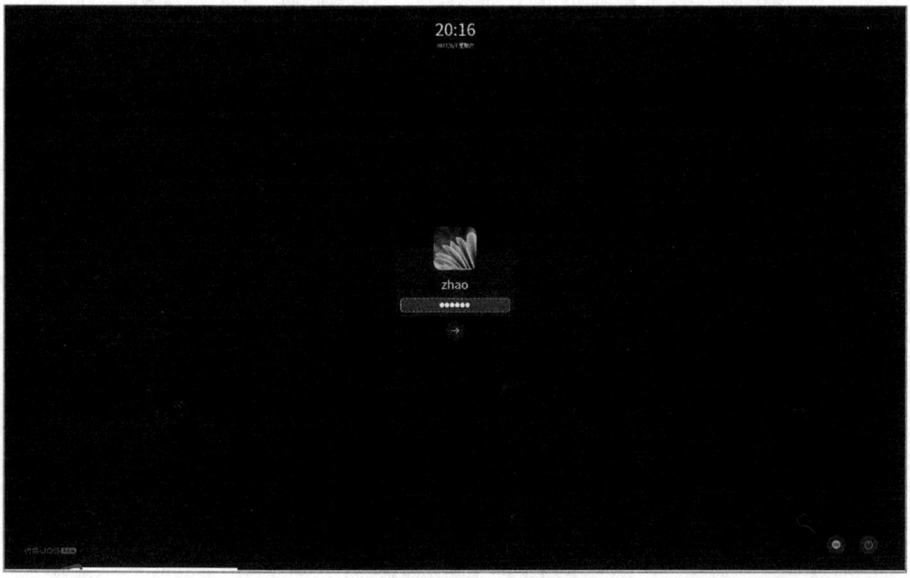

图 1-62　重启系统界面

图 1-63　UOS 系统桌面

2. 验证系统激活是否成功

（1）单击任务栏上的【设置】按钮，进入控制中心界面，单击【系统信息】图标，如图 1-64 所示。

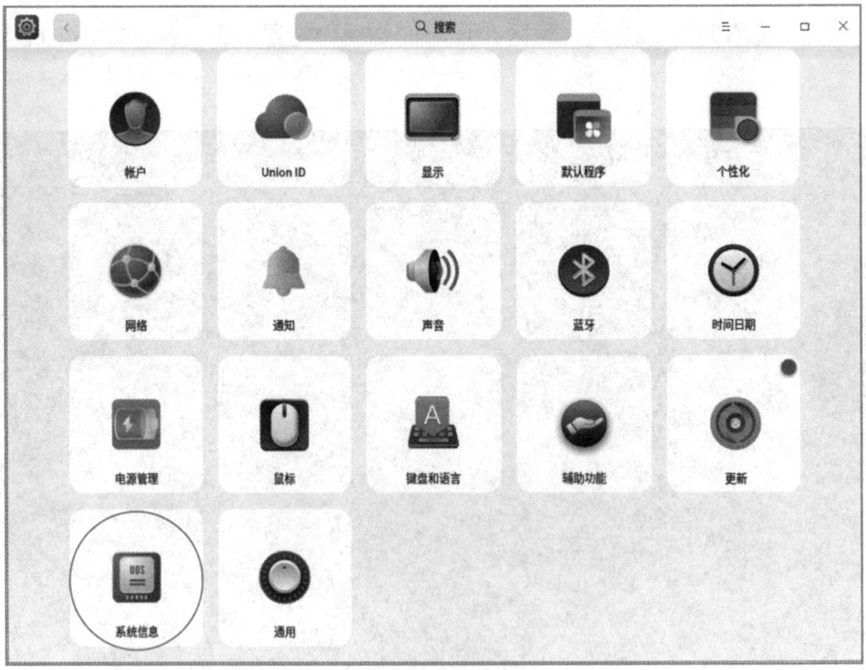

图 1-64　控制中心界面

（2）在右侧弹出的菜单中选择【关于本机】选项，菜单将显示 UOS 的产品名称、版本号、版本、处理器等相关信息。版本授权显示为“已激活”，如图 1-65 所示。

图 1-65　系统信息界面

（3）在右侧弹出的菜单中选择【备份 / 还原】选项，菜单将显示系统备份的方式和还原系统的方式，如图 1-66 和图 1-67 所示。

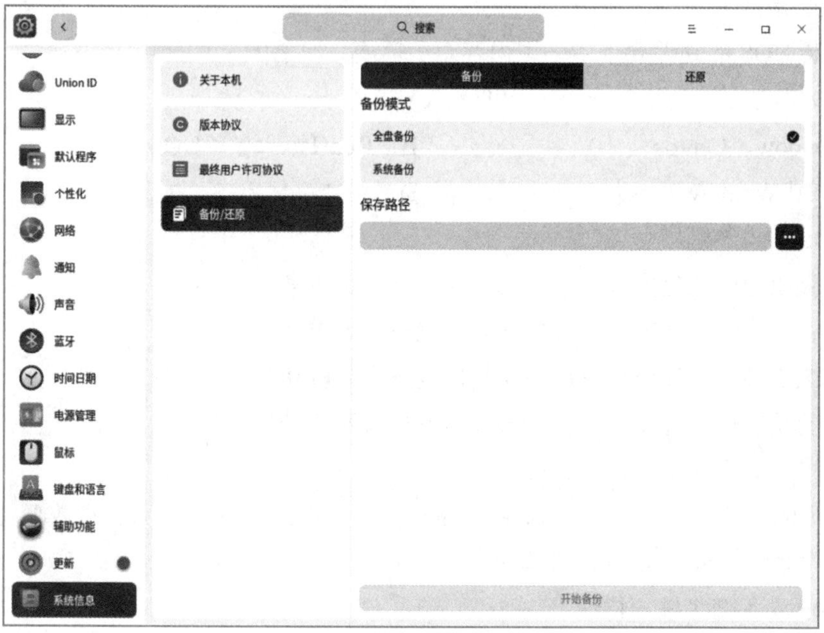

图 1-66　备份方式

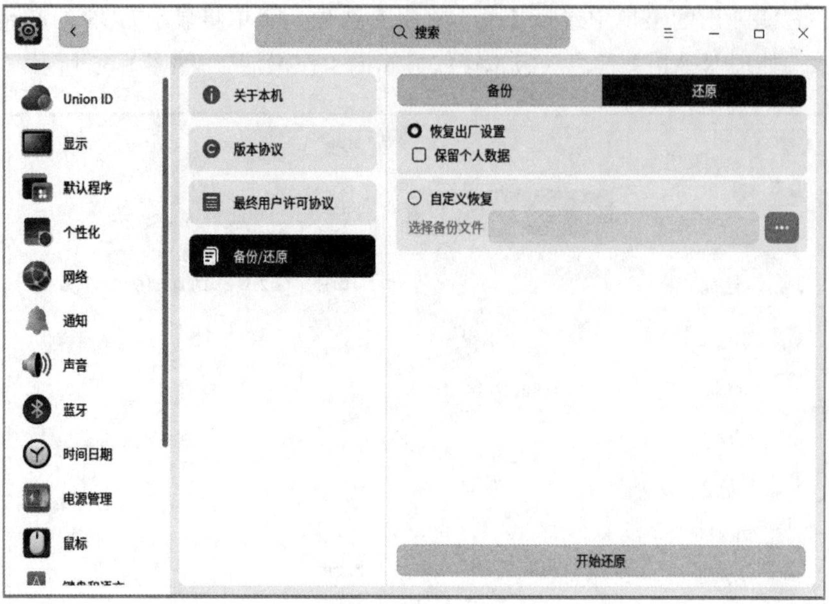

图 1-67　系统还原方式

练习与实践 1

一、理论题

1. UOS 包括 ________ 和 ________ 两个版本。
2. UOS 是基于 ______ 内核。
3. 安装 UOS 的硬件要求中，主内存至少需要 ____GB。
4. 下列操作系统使用的内核相同的是（　　）。

A．Window、Centos　　B．RedHat、统信 UOS

C．iOS、Window　　D．Android、iOS

5. UOS 的安装顺序是（　　）。

A．安装引导→选择安装位置→选择时区→安装成功

B．安装引导→选择时区→选择安装位置→安装成功

C．安装引导→选择语言→选择安装位置→安装成功

D．选择语言→选择安装位置→安装引导→安装成功

6. 操作系统的核心功能有哪些？
7. 常见的挂载点 /、/boot、/home、/tmp、/usr、/etc、/var 分别用于存放哪些文件？
8. 文件系统 ext4 与 ext3 相比有哪些优势？
9. UOS 具备哪些统一特性？
10. 用户可以通过哪些方式安装 UOS ？

二、项目实训题

1．项目背景

Jan16 公司信息中心原来由信息中心的主任黄工、系统管理组的赵工和宋工 3 位工程师组成。近期由于公司业务发展迅速，新购进了一批服务器，故需要一名管理员来管理这些服务器，现招进一名新工程师陈工，公司的组织架构图如图 1-68 所示。

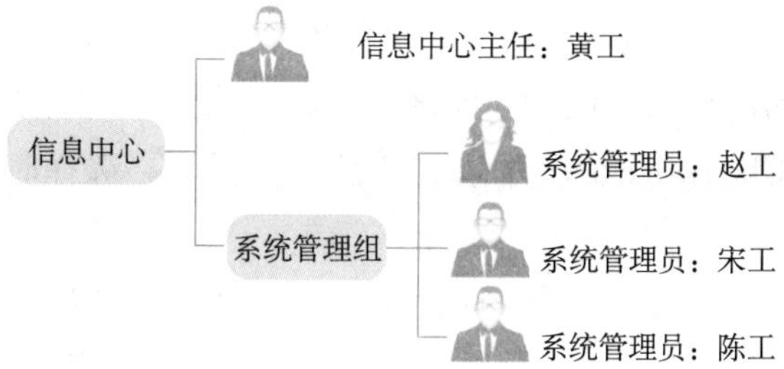

图 1-68　Jan16 公司组织架构图

Jan16 公司信息中心办公网络拓扑如图 1-69 所示，PC1、PC2、PC3 均采用国产鲲鹏主机，且均已安装 UOS，项目概况如下。

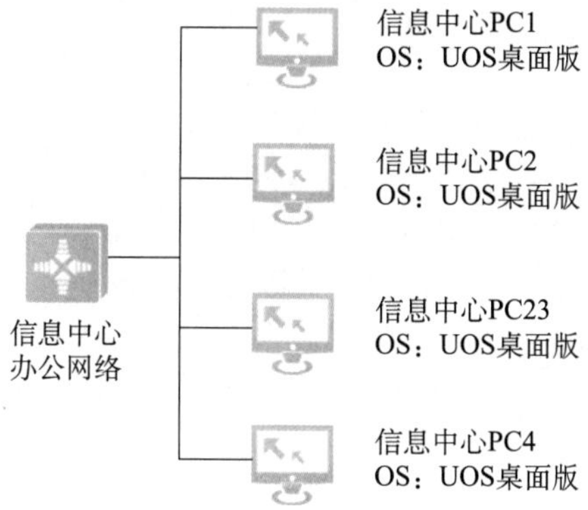

图 1-69　信息中心办公网络拓扑

为了便于协同办公，需保证信息中心员工所使用电脑的操作系统一致，故需在陈工的电脑 PC4 上安装 UOS 桌面版，并进行初始化配置和系统激活。项目规划表如表 1-2 所示。

表 1-2　项目规划表

项目任务	完成任务所需步骤
一、安装 UOS 桌面版	制作 U 盘启动盘
	安装统信 UOS
二、初始化设置	初始化配置
	登录与激活

2．项目要求

（1）根据项目规划表，完成项目的第一个任务并截取以下系统截图。

①截取 U 盘启动盘制作成功的界面。

②设置 UOS 语言为简体中文，安装方式为手动安装，新建一个分区，分区类型为主分区，位置为起点，文件系统使用 ext4，挂载点为 /，大小为 30GB，并截取安装过程中的选择语言界面、新建分区界面、选择安装位置界面以及安装成功界面。

（2）根据项目规划表，完成项目的第二个任务并截取以下系统截图。

①设置键盘布局为汉语，时区为“亚洲 - 北京”、创建一个用户名为陈工，计算机名为 PC4，密码设置为 Chen@Jan16，并截取键盘布局界面、选择时区界面以及创建用户界面。

②以陈工账户登录统信 UOS，使用在线激活方式激活 UOS，使用离线激活方式进入开发者模式并截取陈工账户登录界面、系统激活界面及开发者模式界面。

项目 2　Jan16 公司办公电脑桌面设置

项目学习目标

项目课件　项目微课

知识目标：

（1）了解 UOS 的桌面布局、任务栏结构；

（2）了解文件资源管理和设置的方法。

能力目标：

（1）能进行桌面个性化设置；

（2）能合理设置任务栏；

（3）能通过启动器管理系统应用；

（4）能正确进行文件资源的管理和设置。

素质目标：

（1）通过国产自主可控操作系统研发案例，树立职业荣誉感、爱国意识和创新意识；

（2）通过 UOS 与 Windows 操作系统功能的对比分析，激发创新和创造意识；

（3）树立严谨操作、精益求精的工作作风。

项目描述

Jan16 公司信息中心由信息中心的主任黄工、系统管理组的赵工和宋工 3 位工程师组成，组织架构图如图 2-1 所示。

图 2-1　Jan16 公司组织架构图

Jan16 公司信息中心办公网络拓扑如图 2-2 所示，PC1、PC2、PC3 均采用国产鲲鹏主机，且已经安装统信操作系统 UOS，项目概况如下。

PC1、PC2、PC3 均需进行合理的桌面设置和任务栏设置。

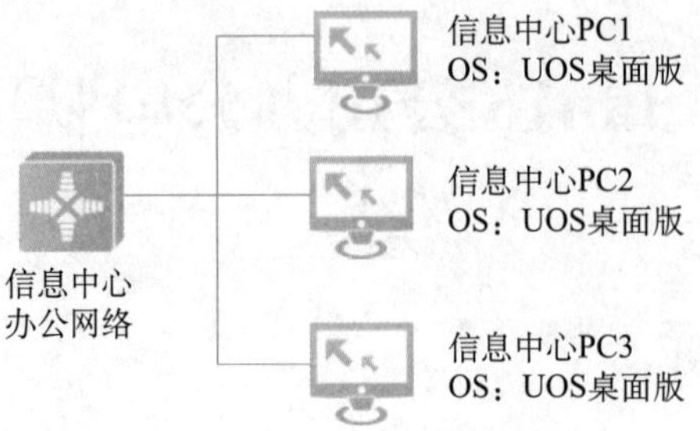

图 2-2　Jan16 公司信息中心办公网络拓扑

项目分析

本项目需要系统管理员熟悉 UOS 的桌面布局，能进行桌面个性化设置，能进行文件资源管理。本项目涉及以下工作任务。

（1）UOS 桌面个性化设置；

（2）设置 UOS 任务栏；

（3）使用 UOS 启动器；

（4）文件资源管理和设置。

相关知识

2.1　桌面环境

用户成功登录操作系统后，即可体验 UOS 桌面环境。桌面环境主要由桌面、任务栏、启动器、控制中心及窗口管理器等组成，桌面是使用操作系统的基础，如图 2-3 所示。

桌面是指登录后可以看到的主屏幕区域。在桌面上可以新建文件夹 / 文档、设置排序方式、自动整理文件及调整图标大小等，如图 2-4 所示，还可以通过发送到桌面功能向桌面添加应用的快捷方式。

图 2-3　UOS 桌面

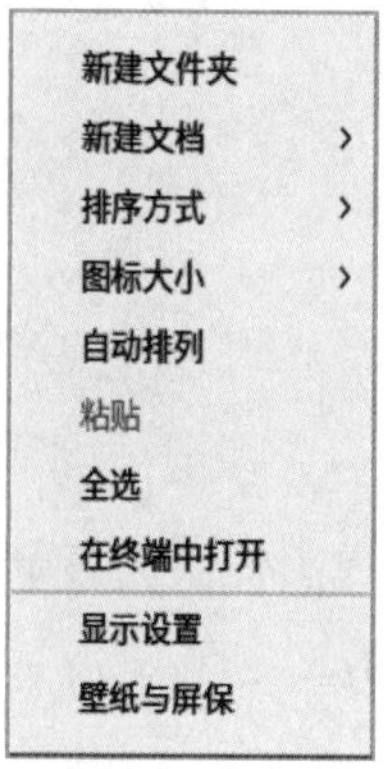

图 2-4　桌面区域设置快捷菜单

2.2　文件和目录管理

UOS 中的文件管理器是一款功能强大、简单易用的文件管理工具。它沿用了一般文件管理器的经典功能和布局，并在此基础上简化了用户操作，增加了很多特色功能。UOS 中的文件管理器拥有一目了然的导航栏、智能识别的搜索栏、多样化的视图和排序，这些特点让文件管理不再复杂。

任务 2-1　UOS 桌面个性化设置

任务规划

UOS 预装了文件管理器、应用商店等一系列应用程序，设置好 UOS 桌面后，用户既能体验丰富多彩的娱乐生活，也能满足日常办公需要。Jan16 公司办公 PC 上 UOS 桌面设置需要完成以下任务。

（1）设置桌面壁纸和屏保；

（2）设置系统主题；

（3）桌面图标的调整（排列方法、图标大小）。

任务实施

壁纸和屏保设置

1. 设置桌面壁纸和屏保

1）更改壁纸

选择一些精美、时尚的壁纸美化桌面，可以让计算机的显示与众不同。更改壁纸的具体操作步骤如下。

（1）在桌面上单击鼠标右键，在弹出的快捷菜单中选择【壁纸与屏保】命令，在桌面底部可以预览所有壁纸，如图 2-5 所示。

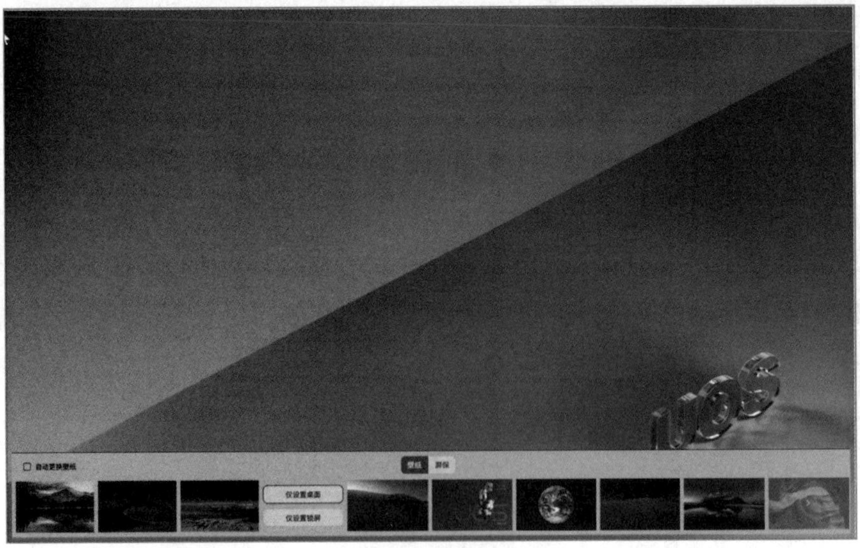

图 2-5　更改壁纸

（2）选择某一壁纸后，壁纸就会在“桌面”和“锁屏”生效。

（3）壁纸生效后，可以单击【仅设置桌面】或【仅设置锁屏】按钮来控制壁纸的生效范围。

提示　勾选【自动更换壁纸】复选框后设置壁纸的时间间隔，即在“登录时”或“唤醒时”自动更换壁纸，如果想让喜欢的图片成为桌面壁纸，可以在图片查看器中进行设置。

2）设置屏保

屏幕保护（简称“屏保”）程序原本是为了保护显示器的显像管，现在一般用于个人计算机的隐私保护。设置屏保的操作步骤如下。

（1）在桌面上单击鼠标右键。

（2）在系统弹出快捷菜单中选择【壁纸与屏保】命令，单击【屏保】按钮，即可在桌面底部预览所有屏保，如图 2-6 所示。

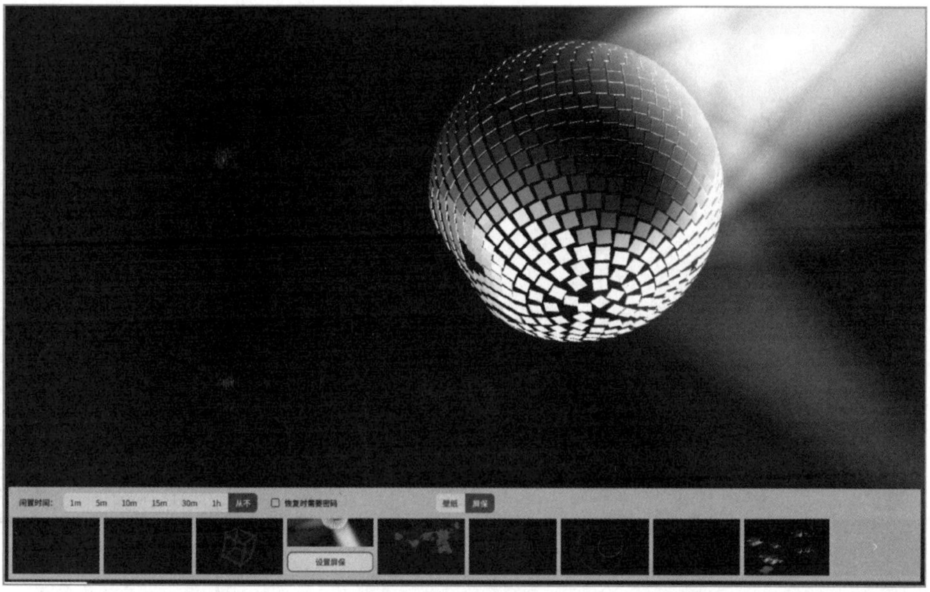

图 2-6　设置屏保

（3）单击某个屏保的缩览图即可使其设置生效，同时还可以在缩览图上方设置闲置的时间，如图 2-7 所示。

（4）勾选【恢复时需要密码】复选框，可以更好地保护个人隐私。

（5）待计算机闲置达到指定时间后，系统将启动选择的屏保程序。

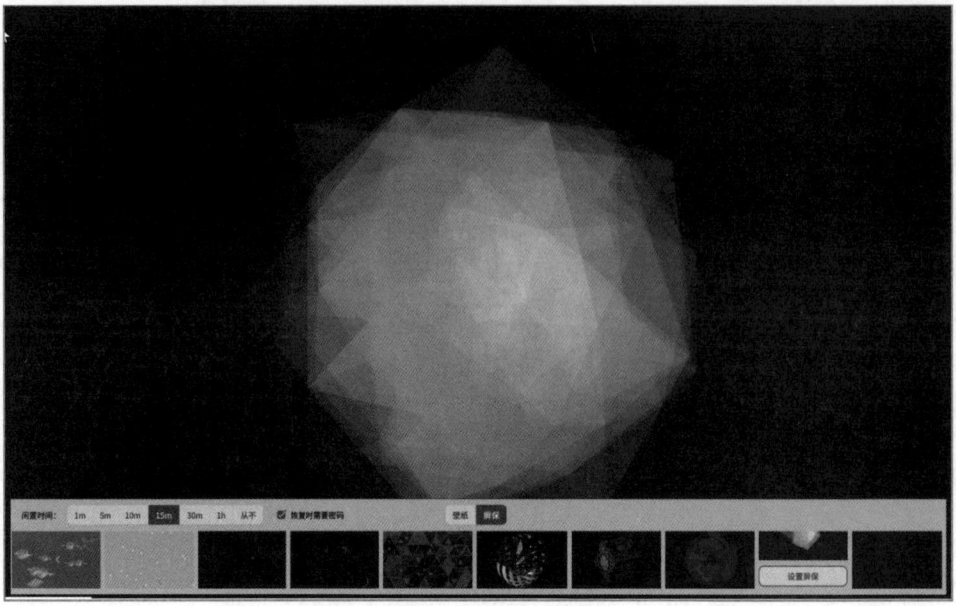

图 2-7　设置屏保闲置时间

2. 设置系统主题

在控制中心个性化设置模块可以进行一些通用的个性化设置，包括主题、活动用色、窗口特效及透明度调节、改变窗口外观。除此之外，还可以设置图标主题、光标主题和字体，操作步骤如下。

（1）在控制中心首页，单击【个性化】图标，如图 2-8 所示。

更换主题

图 2-8　控制中心首页

（2）进入通用设置界面，如图 2-9 所示。

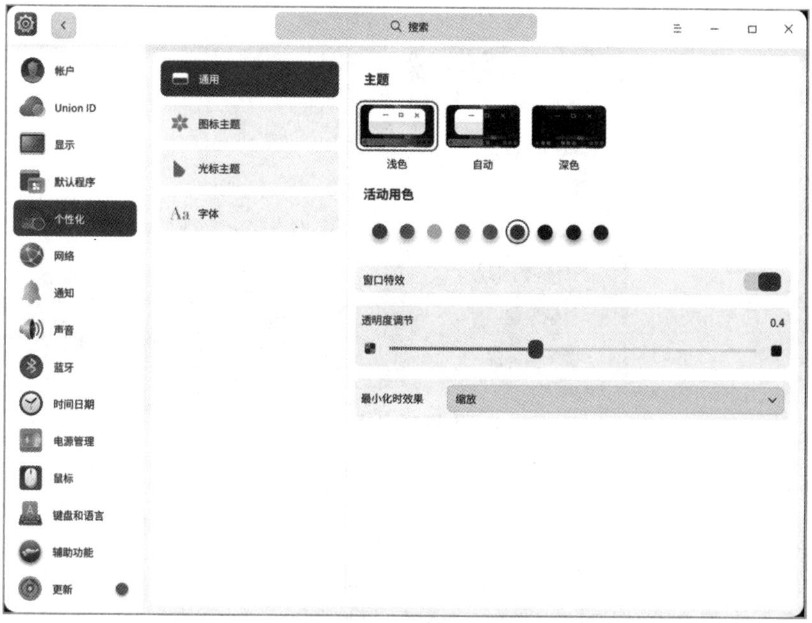

图 2-9　通用设置界面

（3）选择一种主题，如浅色、自动、深色，该主题即可设置为系统窗口主题。

（4）活动用色是指选中某一选项时的强调色，单击【活动用色】下的一种颜色，可实现查看该颜色在系统中的显示效果。

（5）打开【窗口特效】开关，可以使桌面和窗口更美观、精致。

（6）窗口特效开启后才能拖动【透明度调节】下的滑块，可以实时查看透明效果。通过透明度调节来设置任务栏和启动器（小窗口模式）的透明度，模块越靠左越透明，越靠右越不透明。

提示　“自动主题”表示根据当前时区日出日落的时间自动更换主题，日出后是浅色，日落后是深色。

类似地，在个性化设置界面，还可以完成图标主题、光标主题及字体的设置。

3. 桌面图标的调整

1）排列方法

创建好文件夹或文档后，可以对桌面上的图标进行排序。设置排序方式的操作步骤如下。

（1）在桌面上单击鼠标右键。

（2）在弹出的快捷菜单中选择【排序方式】子菜单，如图 2-10 所示，其命令项介绍如下。

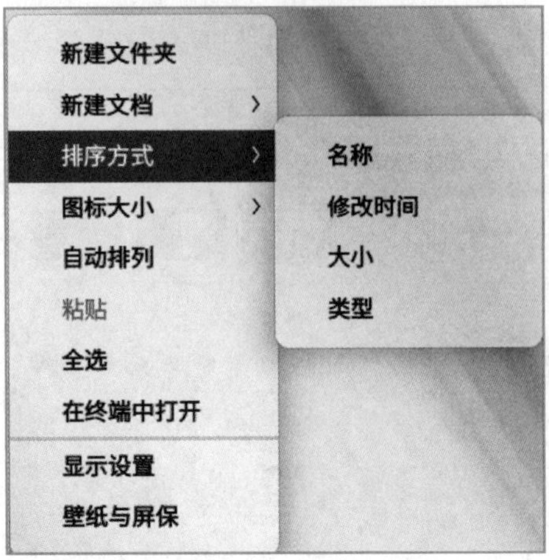

桌面图标的调整

图 2-10 【排列方式】子菜单

- 选择【名称】命令，将按文件的名称顺序显示。
- 选择【修改时间】命令，将按文件的最近一次修改时间顺序显示。
- 选择【类型】命令，将按文件的类型顺序显示。
- 选择【大小】命令，将按文件的大小顺序显示。

> **提示** 选择【自动排列】命令，桌面图标将从上往下、从左往右按照当前的排列规则进行排列。有图标被删除时，后面的图标自动向前填充。

2）图标大小

桌面上的图标大小可以根据需求进行调整，操作步骤如下。

（1）在桌面上单击鼠标右键。

（2）在弹出的快捷菜单中选择【图标大小】子菜单，可以将图标大小设置为极小、小、中、大或极大，如图 2-11 所示。

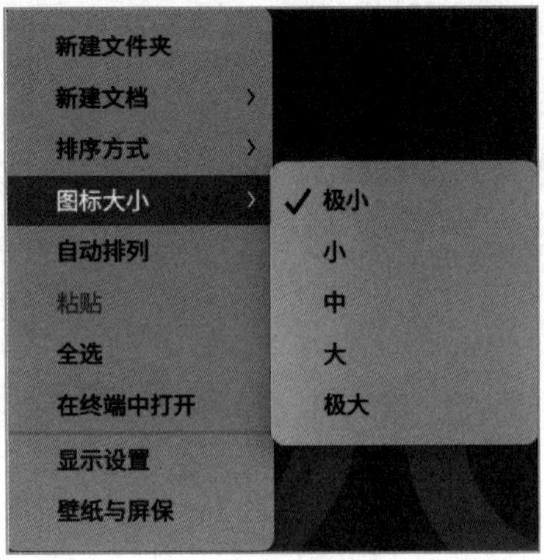

图 2-11 【图标大小】子菜单

提示　使用快捷键【Ctrl】+【+】/【-】或【Ctrl】+ 鼠标滚轮可以调整桌面和启动器中的图标大小。

任务验证

以黄工账号登录 UOS，查看桌面布局、壁纸、屏保，以及个性化设置是否合理。

任务 2-2　设置 UOS 任务栏

任务规划

桌面个性化设置之后，需要熟悉任务栏，并进行任务栏的设置。

任务栏主要由启动器、应用程序图标、托盘区、系统插件等区域组成。利用如图 2-12 所示的任务栏，可以打开启动器、显示桌面、进入工作区及相关程序的打开、新建、关闭、强制退出等操作，还可以设置输入法、调节音量、连接 WIFI、查看日历、进入关机界面等。

图 2-12　任务栏

Jan16 公司办公电脑桌面个性化设置成功后，用户可设置任务栏在桌面上的位置、显示或隐藏任务栏、显示或隐藏回收站，以及设置电源等系统插件。本任务具体包括以下内容。

（1）调整任务栏的摆放位置；

（2）设置任务栏状态；

（3）设置任务栏插件；

（4）使用智能助手；

（5）设置日期和时间；

（6）使用回收站。

任务实施

1. 调整任务栏的摆放位置

任务栏可以放置在桌面的不同位置。设置任务栏位置的操作步骤如下。

（1）在任务栏处单击鼠标右键。

（2）在快捷菜单的【位置】子菜单中选择【上】、【下】、【左】、【右】命令之一，如图 2-13 所示。

此外，用鼠标拖动任务栏边缘，可改变任务栏高度。

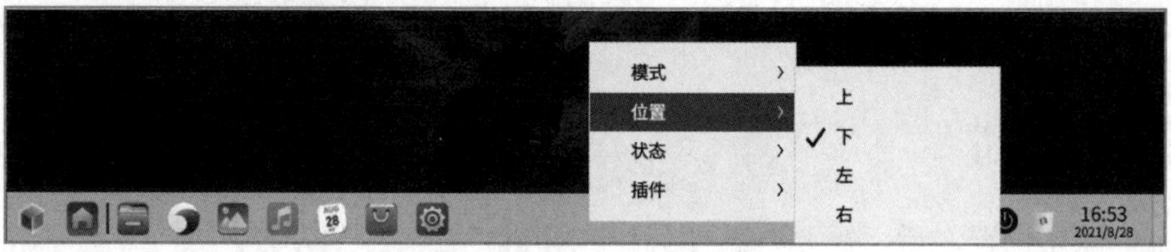

图 2-13　设置任务栏位置

设置任务栏

2. 设置任务栏状态

1）切换显示模式

任务栏不是固定的，其显示模式可以切换。任务栏有两种显示模式：时尚模式（如图 2-14 所示）和高效模式（如图 2-15 所示）。不同模式显示的图标大小和应用窗口的激活效果不同。

图 2-14　时尚模式

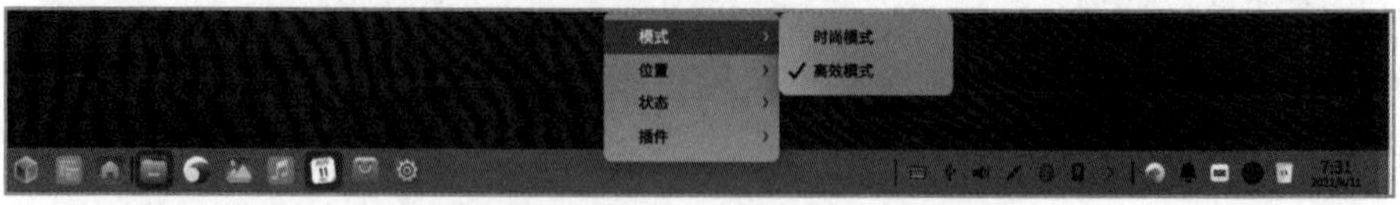

图 2-15　高效模式

> **提示**　在高效模式下，单击任务栏右侧可显示桌面。将鼠标指针移到任务栏上已打开窗口的图标上时，会显示相应的预览窗口。

切换显示模式的操作步骤如下。

（1）在任务栏处单击鼠标右键。

（2）在【模式】子菜单中选择一种显示模式命令，如图 2-16 所示。

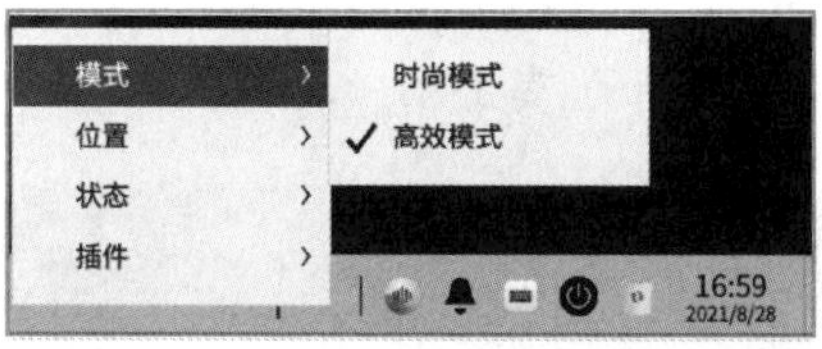

图 2-16　切换显示模式

2）显示或隐藏任务栏

任务栏可以隐藏，以便最大限度地扩展桌面的可操作性区域。显示或隐藏任务栏的操作步骤如下。

（1）在任务栏处单击鼠标右键。

（2）在【状态】子菜单中进行操作，其命令介绍如下。

● 选择【一直显示】命令，如图 2-17 所示，任务栏将会一直显示在桌面上。

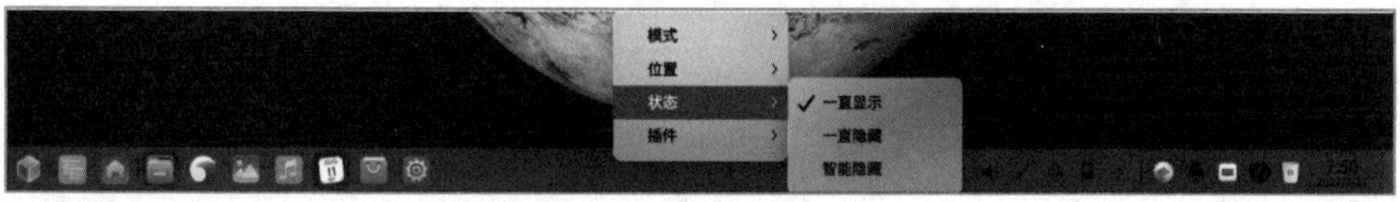

图 2-17　显示任务栏

● 选择【一直隐藏】命令，如图 2-18 所示，任务栏将会隐藏起来，只有在鼠标指针移至任务栏区域时才会显示。

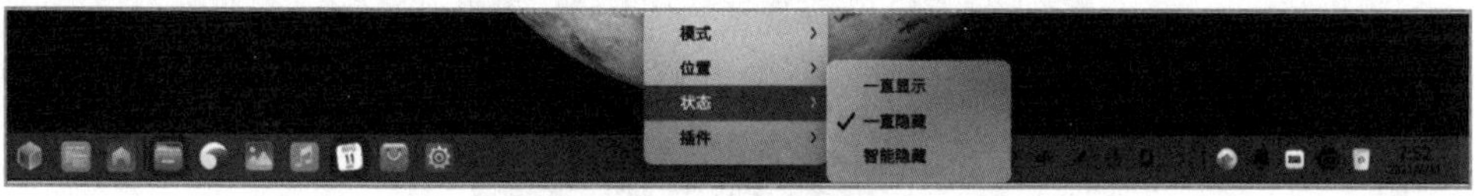

图 2-18　隐藏任务栏

● 选择【智能隐藏】命令，如图 2-19 所示，当应用窗口占用任务栏区域时，任务栏将自动隐藏。

图 2-19　智能隐藏任务栏

3. 设置任务栏插件

在任务栏可以显示或隐藏插件，以便设置用户常用的程序。显示或隐藏插件的操作步骤如下。

（1）在任务栏处单击鼠标右键。

（2）如图 2-20 所示，在【插件】子菜单中，如果选择【回收站】【电源】【显示桌面】【屏幕键盘】【通知中心】【多任务视图】【时间】【桌面智能助手】等命令，则这些命令对应的插件可在任务栏上显示；反之，如果取消选择，则任务栏上隐藏对应插件。

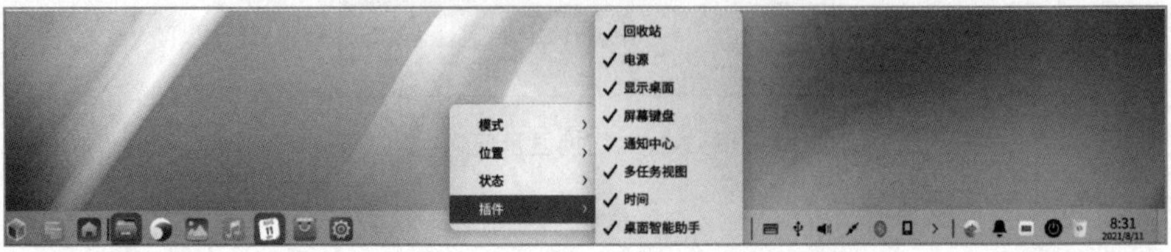

图 2-20　显示或隐藏插件

4. 使用智能助手

在任务栏上单击桌面智能助手图标，系统弹出桌面智能助手授权界面。只有系统授权后，才可以使用语音听写、语音朗读、翻译及桌面智能助手等功能。当首次启动桌面智能助手时，需要确定隐私协议，确定同意隐私协议后，才可以正常使用桌面智能助手及语音听写、语音朗读、翻译等功能。在桌面智能助手授权界面单击【确定】按钮，开启授权，如图 2-21 所示。

图 2-21　桌面智能助手授权界面

如图 2-22 所示，桌面智能助手可通过语言命令协助用户处理各项事务，如查看天气、新建日历等。在桌面智能助手设置界面可设置桌面智能助手的语言，如中文 - 普通话、英语等。

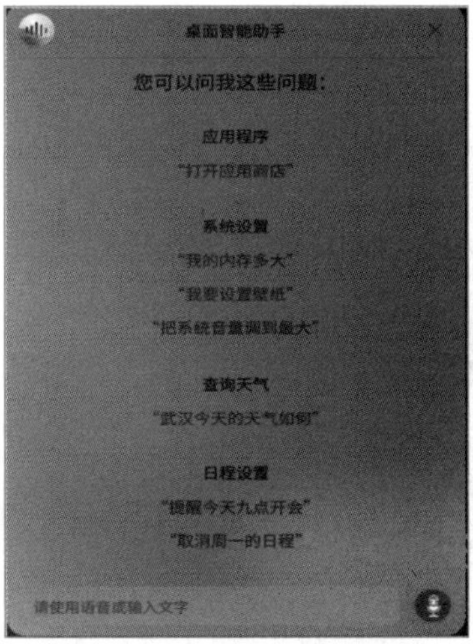

图 2-22　设置智能助手的语言

5. 设置日期和时间

（1）将鼠标指针悬停在任务栏的时间上，可查看当前日期、星期及时间。单击时间图标，可打开日历界面，如图 2-23 所示。

图 2-23　日历界面

（2）鼠标右键单击任务栏上的时间图标，出现【12 小时制】和【时间设置】命令项，如图 2-24 所示。

图 2-24　任务栏时间菜单

（3）单击【时间时期】选项，进入时间日期设置界面。单击【时间设置】，开启【自动同步配置】开关，系统时间就会自动同步网络时间，如图 2-25 所示。

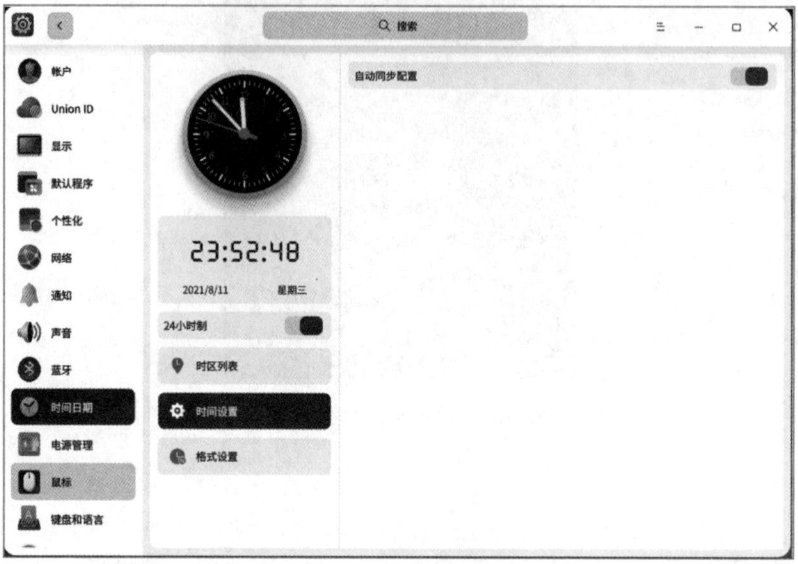

图 2-25　时间时期设置

6. 使用回收站

在回收站中，可以找到计算机中被临时删除的文件，可以选择还原或删除这些文件，还可以清空回收站。

1）删除文件

方法一：拖动要删除的文件到任务栏的回收站图标，要删除的文件就进入到回收站。

方法二：拖动要删除的文件到桌面上的回收站图标，要删除的文件就进入到回收站。

方法三：选择要删除的文件，单击鼠标右键，在快捷菜单中选择【删除】命令，即可删除文件到回收站。

2）还原文件

被临时删除的文件可以在回收站进行还原，使用快捷键【Ctrl】+【Z】即可还原刚删除的文件。还原文件的操作步骤如下。

（1）在回收站中，选择要恢复的文件。

（2）单击鼠标右键，在快捷菜单中选择【还原】命令，如图 2-26 所示，文件将还原到删除前的存储路径。

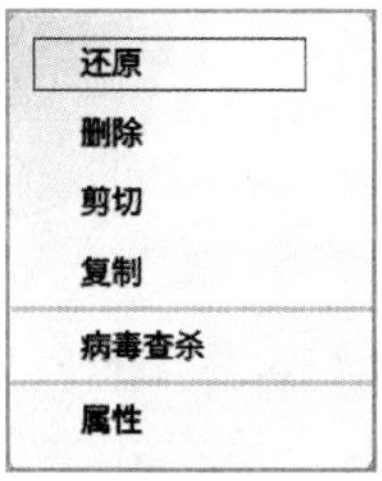

图 2-26 【还原】命令

3）彻底删除文件

在回收站中可以单独删除某个文件。删除文件的步骤如下。

（1）在回收站中，选择要删除的文件。

（2）单击鼠标右键，在快捷菜单中选择【删除】命令，然后在弹出的提示对话框中单击【删除】按钮，如图 2-27 所示，即可删除回收站中的文件。

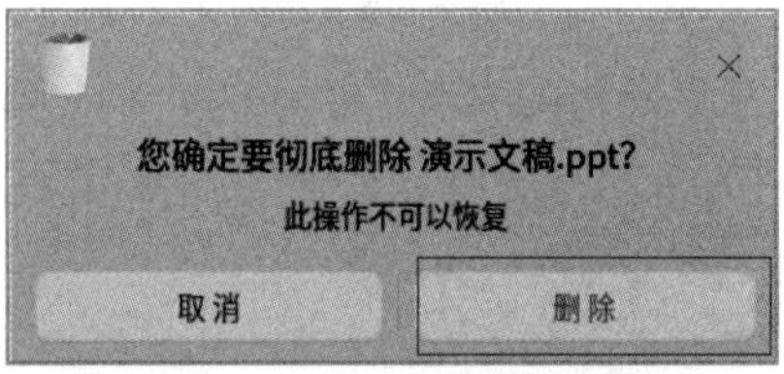

图 2-27　删除文件提示对话框

4）清空回收站

在回收站中，单击【清空】按钮，如图 2-28 所示，将清空回收站中的所有内容。

图 2-28　清空回收站

任务验证

以黄工账号登录 UOS，查看任务栏设置是否合理，并检查任务栏模式、位置、插件等的设置是否正确。

任务 2-3　使用启动器

任务规划

办公使用的 UOS 中通常会安装一些应用程序来更好地处理工作，然而安装的软件过多会给管理带来不便，UOS 内置的启动器就可以帮助用户很好地管理系统中已安装的所有应用程序。使用启动器需要完成以下操作。

（1）了解启动器；

（2）排列应用程序；

（3）快速查找应用程序；

（4）设置快捷方式。

任务实施

使用启动器

1. 了解启动器

启动器可以帮助用户管理系统中已安装的所有应用程序，在启动器中使用分类导航或搜索功能可以快速找到用户需要的应用程序。

> 说明：① 如果系统中安装了新的应用程序，用户可以在启动器中查看，新安装应用程序旁会出现一个小蓝点。
>
> ② 在触控板上（触控板支持多点触控），用户可以使用手势代替鼠标操作：四指 / 五指单击即可显示 / 隐藏启动器，该操作对应 Super 快捷键。

启动器有全屏和小窗口两种模式，如图 2-29 所示，单击启动器界面右上角图标，即可进行模式切换。两种模式均支持搜索应用、设置快捷方式等操作。小窗口模式还支持快速打开文件管理器、控制中心及进入关机界面等功能。

（a）全屏模式

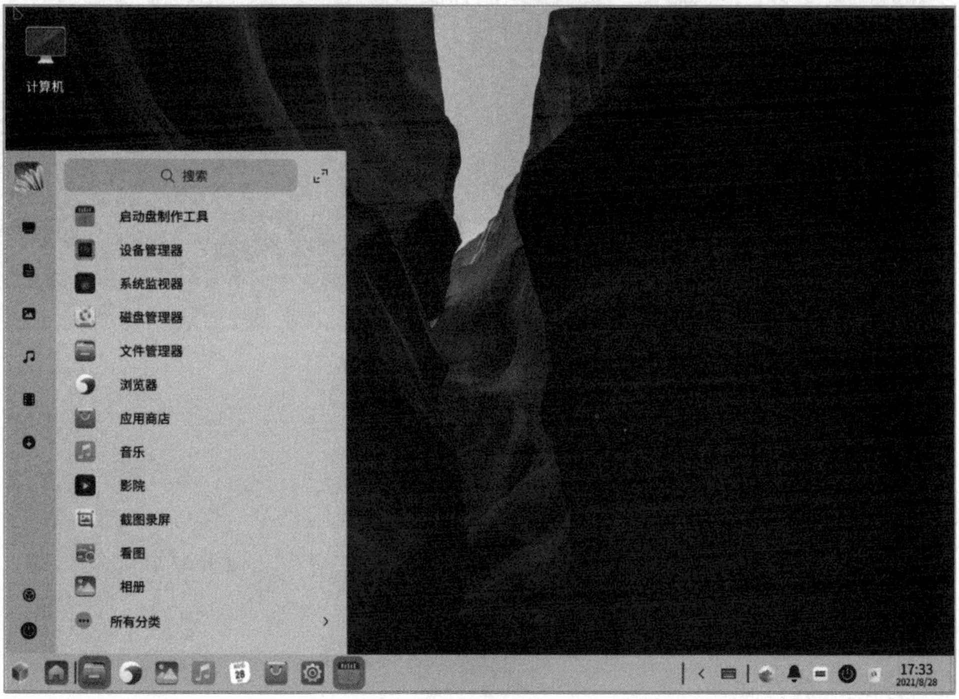

（b）小窗口模式

图 2-29　启动器的全屏模式和小窗口模式

2. 排列应用程序

在全屏模式下，系统默认按照安装时间排列所有应用程序。小窗口模式下，系统默认按照使用频率排列应用程序。此外，还可以根据用户需要自定义应用程序排列位置，操作步骤如下。

（1）将鼠标悬停在应用程序图标上，按住鼠标左键不放，将应用程序图标拖曳到指定的位置自由排列。

（2）单击启动器界面左上角分类图标进行排列，如图 2-30 所示。

图 2-30　排列应用程序界面

3. 快速查找应用程序

在启动器中，用户可以通过上下滚动鼠标滚轮查找应用程序，也可以在全屏模式下通过切换分类导航查找应用程序。如果知道应用程序名称，直接在搜索框中输入关键字，即可快速定位到需要的应用程序。

4. 设置快捷方式

快捷方式提供了一种简单快捷地启动应用程序的方法。用户可以在启动器界面设置快捷方式，如创建快捷方式和删除快捷方式等。

1）创建快捷方式

将应用程序发送到桌面或任务栏上，即可创建快捷方式，具体步骤如下。

（1）在启动器中，右键单击应用程序图标，如图 2-31 所示。

（2）选择【发送到桌面】命令，则在桌面创建应用程序快捷方式。

（3）选择【发送到任务栏】命令，则将应用程序的快捷方式固定到任务栏。

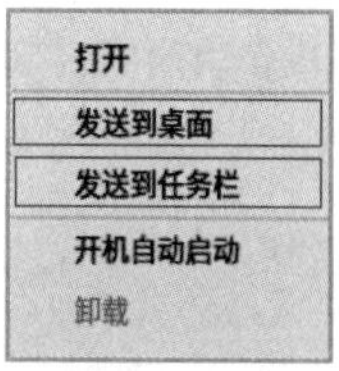

图 2-31　创建快捷方式菜单

说明：将启动器的应用程序图标拖曳到任务栏上可以创建其快捷方式。但是当应用程序处于运行状态时，将无法通过这种方式创建，此时可以右键单击任务栏上的应用程序图标，选择【驻留】命令将应用程序固定到任务栏，以便下次使用时从任务栏上快速启动。

2）删除快捷方式

当不再需要某应用程序的快捷方式时，既可以在桌面直接删除应用程序的快捷方式，也可以在任务栏或启动器中删除。

- 从任务栏删除快捷方式的具体操作如下。

①在任务栏上，按住鼠标左键不放，将应用程序图标拖曳到任务栏以外的区域移除快捷方式。

②当应用程序处于运行状态时，将无法拖曳移除，此时可以右键单击任务栏上的应用程序图标，选择【移除驻留】命令将应用程序从任务栏上移除，如图 2-32 所示。

图 2-32　从任务栏删除快捷方式

- 从启动器中删除快捷方式的具体操作如下。

在启动器中，右键单击应用程序图标，打开如图 2-33 所示的命令项。

①单击【从桌面上移除】命令，删除桌面快捷方式。

②单击【从任务栏上移除】命令，将固定在任务栏的应用程序快捷方式删除。

说明：以上操作，只会删除应用程序的快捷方式，而不会卸载应用程序。

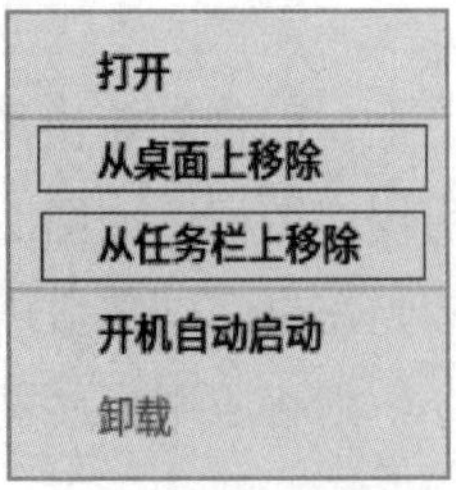

图 2-33　从启动器中删除快捷方式

任务验证

以黄工账号登录 UOS，查看应用程序排列及应用程序快捷方式的设置是否合理。

任务 2-4　文件资源管理和设置

任务规划

Jan16 公司信息中心的员工由于工作原因，常常会在办公 PC 上存储许多工作文件，当需要查找某个文件时就会很麻烦。UOS 中的文件管理器就可以很好地解决这种难题，帮助用户更好、更方便地管理文件。UOS 中的文件管理器是一款功能强大、简单易用的文件管理工具。它沿用了一般文件管理器的经典功能和布局，并在此基础上简化了用户操作，增加了许多特色功能。掌握 UOS 文件管理器的应用需要完成以下任务。

（1）浏览和搜索文件；

（2）文件与文件夹的基本操作；

（3）文件的压缩与解压缩。

任务实施

文件资源管理和设置

1. 浏览和搜索文件

1）浏览文件

（1）单击桌面左下角的图标，打开启动器界面。

（2）上下滚动鼠标滚轮或通过搜索找到文件管理器图标，单击打开文件管理器；也可双击桌面的【计算机】图标，打开文件管理器，如图 2-34 所示。

图 2-34　文件管理器界面

（3）双击【我的目录】下的文件夹或单击左侧的文件目录，可以直接打开对应的文件夹并查看文件。

（4）单击文件管理器中的、图标来切换图标视图和列表视图，以便用户更方便地浏览文件。

图标视图：平铺显示文件的名称、图标或缩略图，如图 2-35 所示。

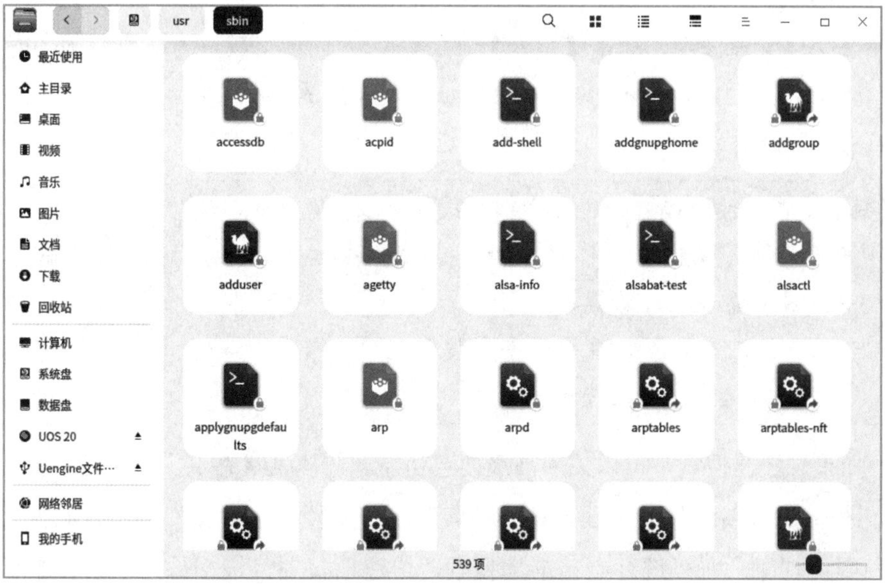

图 2-35　图标视图

列表视图：列表显示文件的图标、缩略图、名称、修改时间、大小或类型等信息，如

图 2-36 所示。

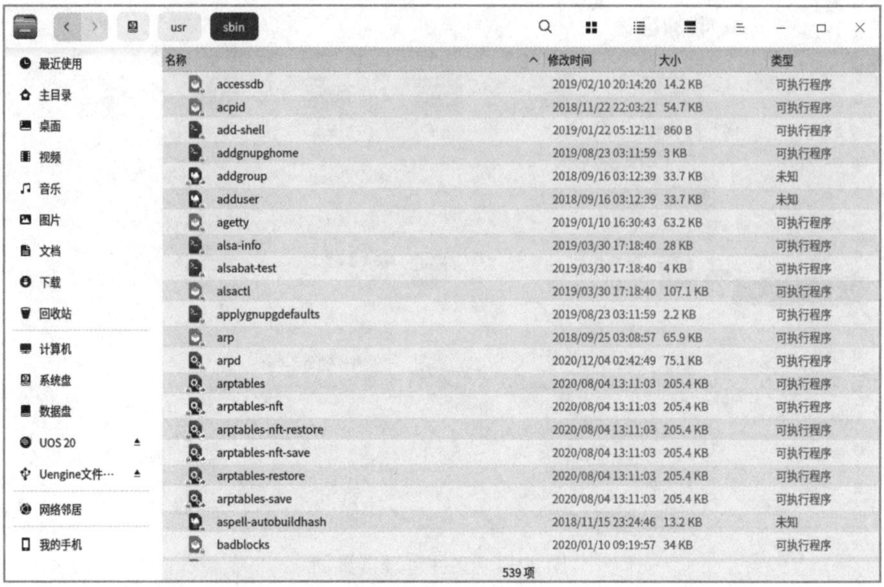

图 2-36　列表视图

> 说明：①在列表视图中，把光标置于两列之间的分隔线上，拖动它可以改变列的宽度；双击分隔线可将当前列自动调整为本列内容最宽的宽度。
>
> ②使用【Ctrl】+【1】和【Ctrl】+【2】快捷键，切换图标视图和列表视图。

2）搜索文件

（1）在文件管理器中，单击【搜索】 按钮，或使用【Ctrl】+【F】快捷键进入搜索状态，或在地址栏中输入关键词后按【Enter】键，搜索相关文件。

（2）当需要在指定目录搜索时，需要先进入该目录，然后再进行搜索。

> 说明：①在文件管理器的设置中，默认选中了“自动索引内置磁盘”，用户可以进行单击【设置】→【高级设置】→【索引】→选中【链接电脑后索引外部存储设备】操作，加快在外部设备中的搜索速度。
>
> ②若想通过文件内容中的关键字来搜索文件，可进行单击【设置】→【高级设置】→【索引】→选中【全文搜索】操作。

（3）如果想快速搜索，可以使用高级搜索功能。在搜索状态下，单击搜索框右侧的高级搜索按钮 进入高级搜索界面，选择搜索范围、文件大小、文件类型、修改时间、访问时间和创建时间，即可进行更精准地搜索，快速地找到目标文件。高级搜索界面如图 2-37 所示。

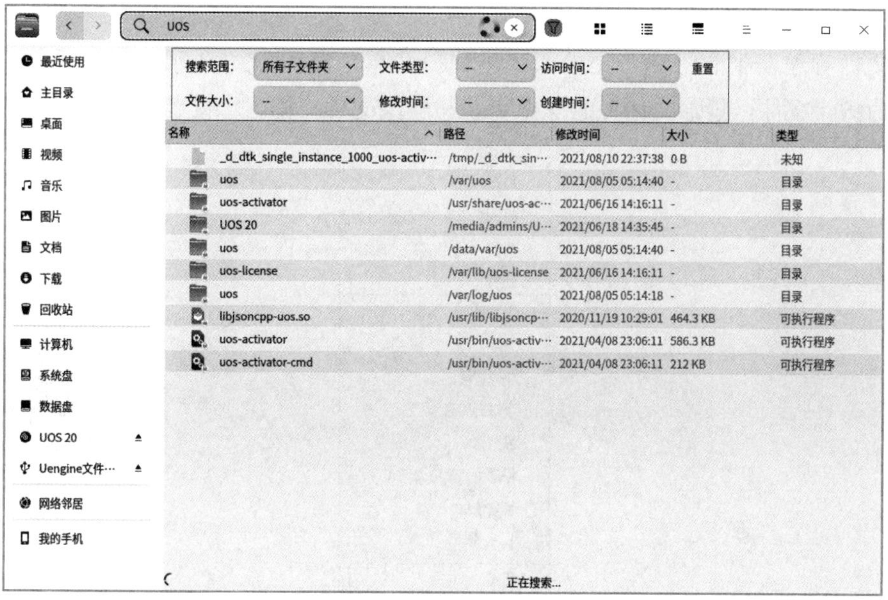

图 2-37　高级搜索界面

2. 文件与文件夹的基本操作

在文件管理器中可以进行新建、删除、复制及移动文件 / 文件夹等操作。

1）新建文件 / 文件夹

（1）在文件管理器中可以新建 4 种类型的文档，包括办公文档、电子表格、演示文档及文本文档。

（2）在文件管理器中单击鼠标右键，在弹出的快捷菜单中单击【新建文档】子菜单，选择相应命令（每个命令对应一种文档类型）新建文档，如图 2-38 所示，然后设置新建文档的名称。

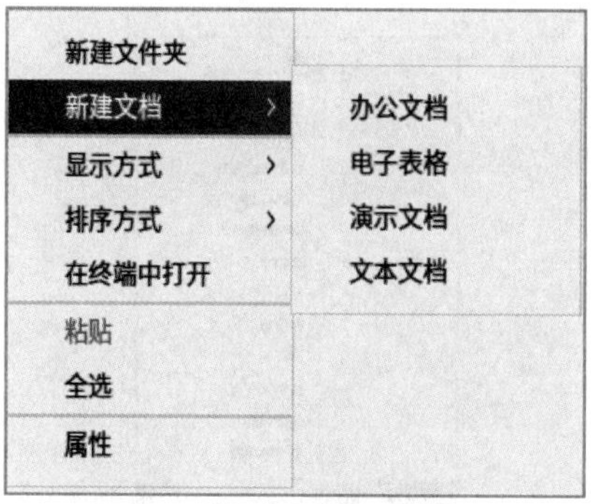

图 2-38　【新建文档】子菜单

（3）在文件管理器中单击鼠标右键，在快捷菜单中选择【新建文件夹】命令，输入新建文件夹的名称，即可新建一个文件夹。

2）删除文件 / 文件夹

在文件管理器中右键单击文件，弹出快捷菜单，如图 2-39 所示，选择【删除】命令即可成功删除文件。删除文件夹的操作步骤与删除文件一样。

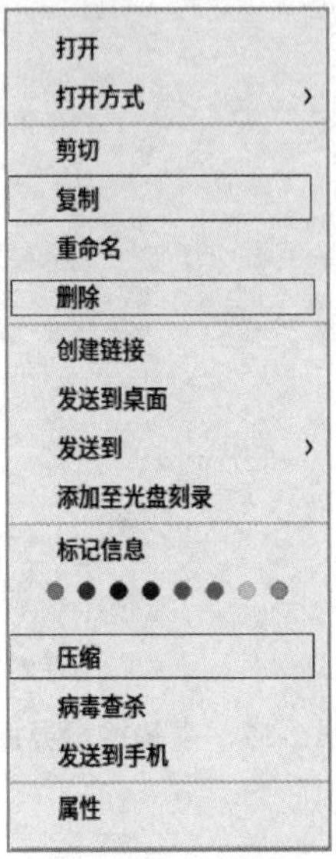

图 2-39　文件快捷菜单

说明：①被删除的文件可以在【回收站】中找到，右键单击回收站里的文件，选择相应命令可以进行还原或删除操作，被删除文件的快捷方式将会失效。

②在外接设备上删除文件会将文件彻底删除，无法在回收站中找回。

3）复制文件 / 文件夹

（1）在文件夹管理器中，选中需要复制的文件，单击鼠标右键，选择【复制】命令，如图 2-40 所示，或者选中文件使用快捷键【Ctrl】+【C】进行复制。

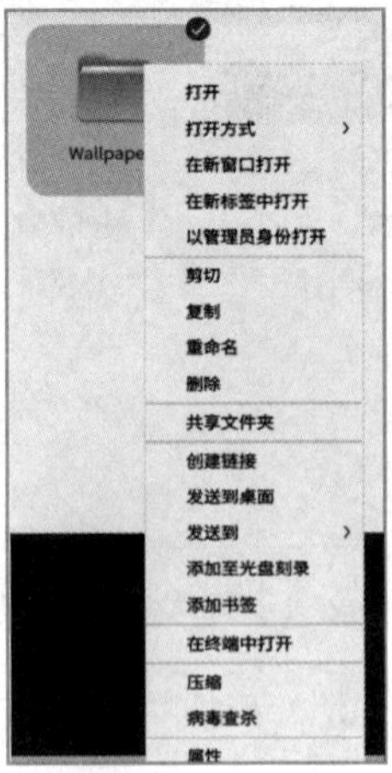

图 2-40　复制文件

（2）选择一个目标存储位置，单击鼠标右键，然后选择【粘贴】命令，如图 2-41 所示，或者使用快捷键【Ctrl】+【V】进行粘贴。

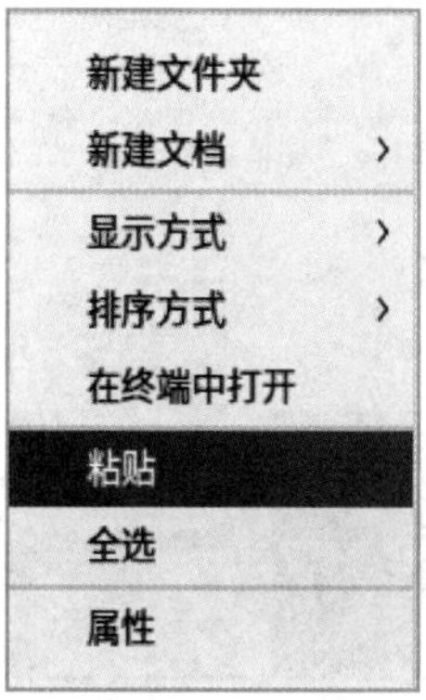

图 2-41　粘贴文件

（3）复制文件夹的操作步骤和复制文件一样。

4）移动文件 / 文件夹

文件可以从原来所在的文件夹移动到另一个文件夹，移动文件的方式有两种。移动文件夹的操作步骤和移动文件一样。

- 通过剪切和粘贴来移动文件。

①在文件管理器中选中文件，单击鼠标右键并选择【剪切】命令，或者使用快捷键【Ctrl】+【X】进行剪切。

②选择一个目标存储位置，单击鼠标右键并选择【粘贴】命令，或者使用快捷键【Ctrl】+【V】进行粘贴。

- 通过拖曳来移动文件。

①同时打开文件原来所在文件夹和移动的目标文件夹。

②选中需要移动的文件，直接拖曳到目标文件夹中。

3. 文件的压缩与解压缩

对文件进行压缩可以有效地缩小文件在磁盘中占用的空间，传输速度也会更快。需要打开文件时，使用解压缩工具解压文件即可。

1）使用归档管理器压缩文件

（1）选择需要压缩的文件或文件夹，单击鼠标右键，选择【压缩】命令，如图 2-42 所示。

（2）在弹出的压缩设置界面，可设置压缩文件的文件名、存储路径、是否加密等，如图 2-43 所示。

（3）设置完成后，单击【压缩】按钮。压缩成功后，会弹出压缩成功提示界面，如图 2-44 所示。单击【查看文件】按钮，可跳转到压缩文件所在的文件夹。

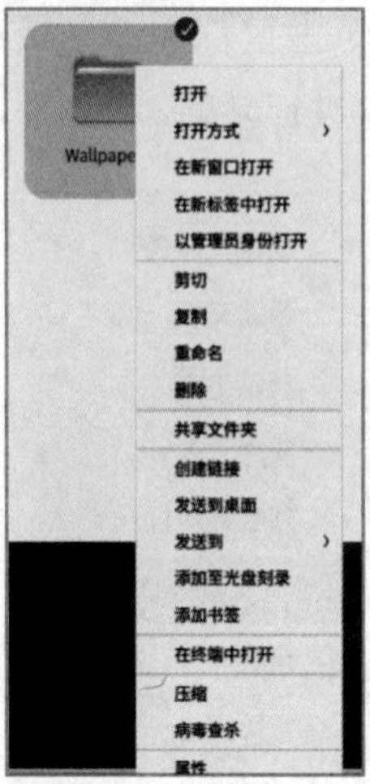

如 2-42 【压缩】命令

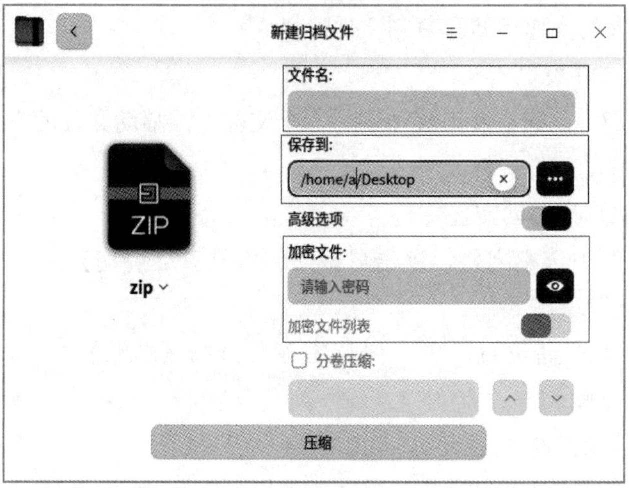

图 2-43　压缩设置

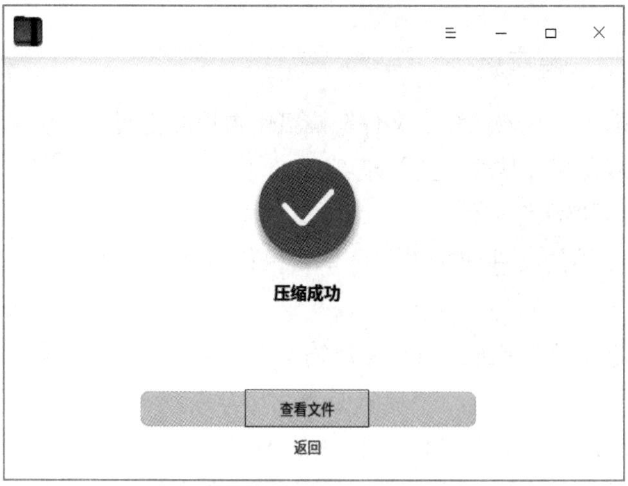

图 2-44　压缩成功提示界面

2）使用归档管理器解压缩文件

选择需要解压缩的文件，单击鼠标右键，可选择【解压缩】或【解压缩到当前文件夹】命令，如图 2-45 所示。

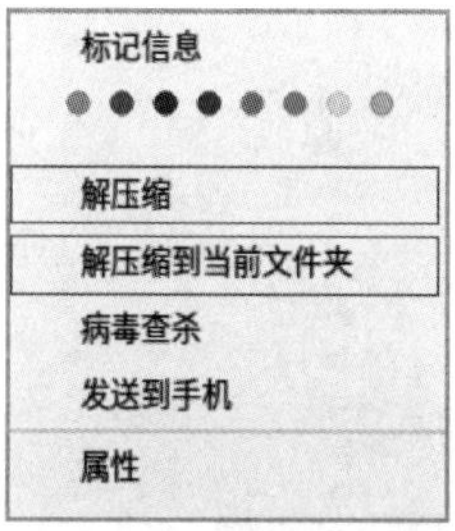

图 2-45　解压缩

（1）若选择【解压缩】命令，可设置解压后文件的存储路径，如图 2-46 所示。设置完成后，单击【解压】按钮，就完成了文件的解压缩。

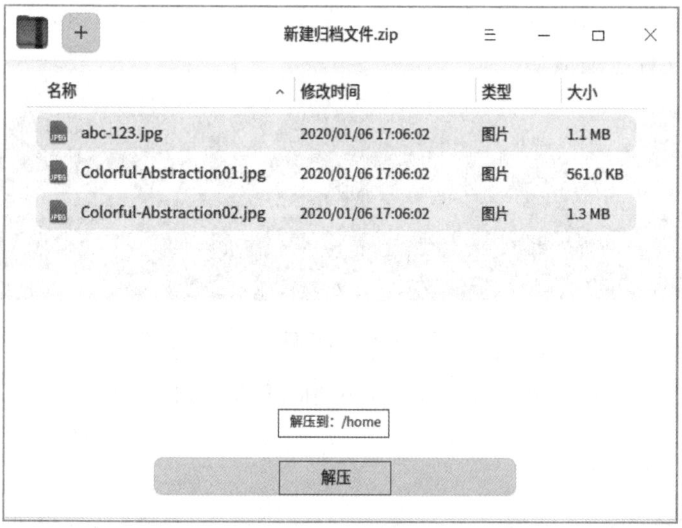

图 2-46　解压缩设置

（2）若选择【解压到当前文件夹】命令，则解压后的文件将自动存放在当前文件夹中。

3）使用命令行压缩文件

除了可以使用 UOS 预装的归档管理器进行压缩和解压缩，还可以使用命令行进行压缩和解压缩。UOS 支持多种压缩命令，下面介绍使用较多的 4 种压缩命令，分别是 tar 命令、zip 命令、bzip2 命令及 gzip 命令。

此处以 file1 和 file2 文件夹为例，介绍如何使用 tar 命令压缩和解压缩文件。

（1）在文件管理器的主目录中找到【file1】文件夹，在界面空白处单击鼠标右键，选择【在终端中打开】命令，如图 2-47 所示。

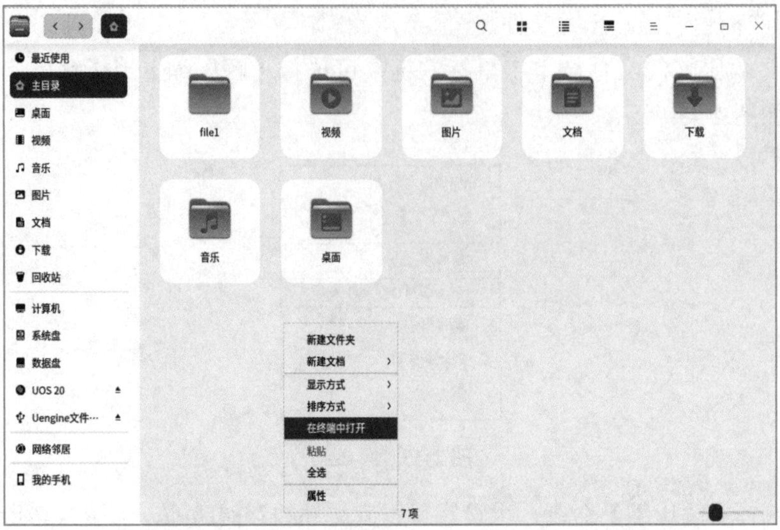

图 2-47　在终端中打开

（2）在终端中输入 tar -cvf file1.tar file1，按【Enter】键后，如图 2-48 所示，若没有提示错误，则表示文件压缩成功。

图 2-48　压缩文件

（3）在主目录文件夹中可查看到压缩文件 file1.tar，如图 2-49 所示。

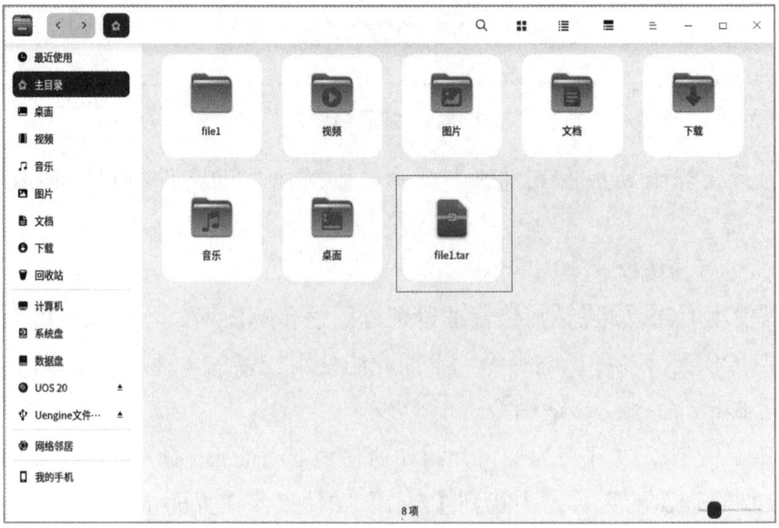

图 2-49　查看压缩文件

（4）类似地，还可以使用 zip 命令、bzip2 命令及 gzip 命令来压缩文件，具体操作步骤与使用 tar 命令压缩文件类似。压缩文件命令名称及命令格式如表 2-1 所示。

表 2-1　压缩文件命令名称及命令格式

命令名称	对 file1 文件夹进行压缩的命令格式
zip	zip file1.zip file1
bzip2	bzip2 file1

4）使用命令行解压缩文件

（1）在文档管理器的主目录中创建一个文件夹【file2】，用于存放解压缩的文件，在主目录空白处，单击鼠标右键，选择【在终端中打开】命令。

（2）在终端中输入 tar -xvf file1.tar -C file2，按【Enter】键后，如图 2-50 所示，若没有提示错误，则表示解压缩成功。

图 2-50　解压缩文件

（3）打开 file2 文件夹可以查看被解压的 file1 文件夹，如图 2-51 所示。

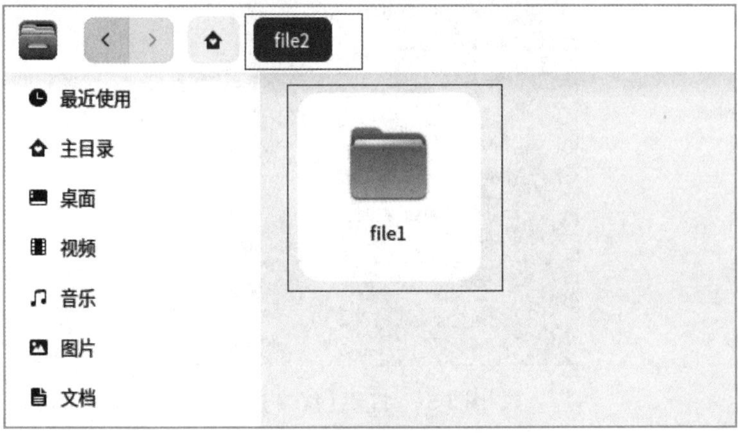

图 2-51　查看被解压文件夹

（4）类似地，还可以使用 zip 命令、bzip2 命令及 gzip 命令来解压缩文件，具体操作步骤与使用 tar 命令解压缩文件类似。解压缩文件命令名称及命令格式如表 2-2 所示。

表 2-2　解压缩文件命令名称及命令格式

命令名称	将 file1.zip 压缩文件解压到 file2 文件夹的命令格式
zip	unzip file1.zip -d file2
bzip2	1. bunzip2 file1.bz2 2. bzip2 -d dile1.bz2
gzip	1. gunzip file1.gz 2. gzip -d file1.gz

5）使用图形 file-roller 解压缩工具压缩、解压缩文件

图形 file-roller 解压缩工具，简称 file-roller，是 gnome 桌面环境的默认归档管理器，属于第三方开源软件，与 UOS 自带的归档管理器的功能类似。用户可以通过命令行或应用商店安装后使用。

安装 file-roller：

（1）在启动器中通过浏览或搜索功能查找【终端】，如图 2-52 所示，单击即可打开，或使用快捷键【Ctrl】+【Alt】+【T】打开【终端】。

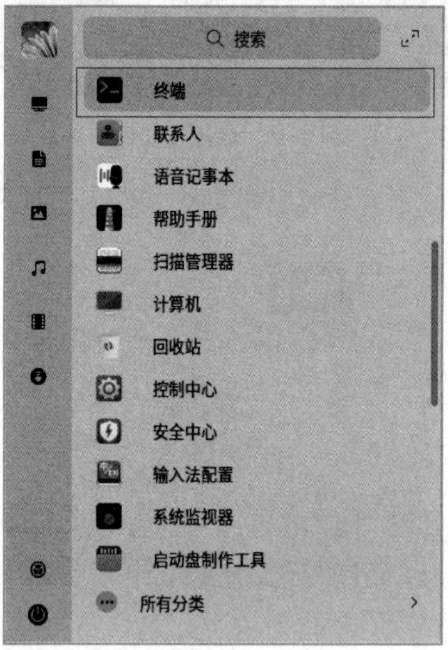

图 2-52　打开【终端】

（2）在终端输入 sudo apt-get install file-roller，如图 2-53 所示，按【Enter】键后，按提示需要输入开机密码，终端会显示软件包的信息，确认信息无误后，输入 Y 或按【Enter】键后即可开始安装。

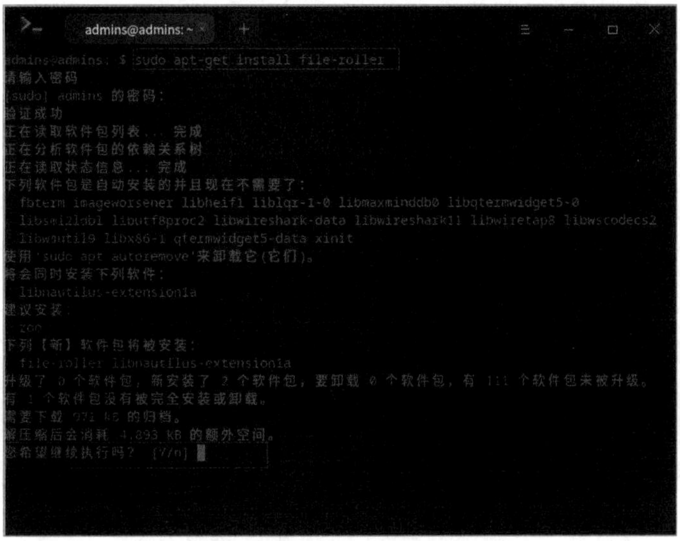

图 2-53　开始安装 file-roller

（3）安装完成后，可以在启动器中找到归档管理器，即 file-roller，如图 2-54 所示。

图 2-54　归档管理器

压缩文件：

（1）打开归档管理器，单击▌图标，选择【新建归档】选项，如图 2-55 所示。

图 2-55　新建归档

（2）在弹出的新建归档文件对话框中填写归档信息，包括压缩文件的文件名和存储路径，还可以选择是否加密，填写完成后，单击【创建（R）】按钮，如图 2-56 所示。

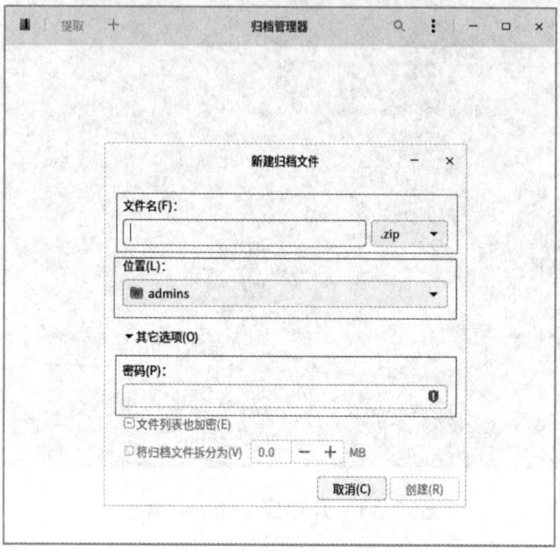

图 2-56　填写归档信息

（3）创建成功后，单击窗口上方的添加文件按钮 +，系统弹出文件管理器界面，选择需要压缩的文件，单击【添加（A）】按钮，即可完成文件压缩，如图 2-57 所示。使用同样的方法可继续添加需要压缩的文件。

图 2-57　添加压缩文件

解压缩文件：

（1）双击待解压的压缩文件，系统弹出归档管理器界面，可看到压缩文件夹信息，如图 2-58 所示。

图 2-58　压缩文件夹信息

（2）单击【提取】按钮，系统跳转到文件管理器界面，选中需要解压的压缩文件，单击【打开】按钮，如图 2-59 所示。

图 2-59　选择待解压文件

（3）解压成功后，在弹出的提示对话框中单击【显示文件】按钮，即可打开文件所在的文件夹，如图 2-60 所示，归档管理器默认将压缩文件解压到当前文件夹。

图 2-60　解压成功界面

任务验证

若员工可以使用各个文件资源管理方式管理系统中存储的文件，就完成了 Jan16 公司员工办公 PC 上文件资源的管理。

练习与实践 2

一、理论题

1．屏保程序原本是为了保护 __________，现在一般用于保护 __________。

2．任务栏的显示模式有 __________ 和 __________。

3．【Ctrl】+【Alt】+【V】是调出 __________ 的快捷键。

4．文件管理器的高级搜索功能可以通过 __________、__________、__________、__________、__________ 和 __________ 来进行更精准的搜索。

5．桌面图标的排序方式有哪些？

6．快捷键【Ctrl】+【Z】、【Ctrl】+【C】及【Ctrl】+【V】分别有什么作用？

7．在文件管理器中使用哪两个快捷键可以快速切换图标视图和列表视图？

8．UOS 内置的文件管理器可以新建哪几种类型的文档？分别是什么？

9．如果想要用 tar 命令把当前目录下的压缩文件 f1.tar 解压缩到 home 目录下并命名为 f2，命令应该怎么书写？

10．简述使用归档管理器压缩和解压缩文件的步骤。

二、项目实训题

1．项目背景

Jan16 公司信息中心业务发展迅速，员工也随之增加。近期信息中心新招进来一批新员工，由于新员工对 UOS 不熟悉，信息中心主任设计了一个小项目，让新员工查阅相关资料并动手实践，以便新员工能更好地使用 UOS。

2．项目要求

（1）给桌面和锁屏设置一个相同的新壁纸；设置一个屏保，并勾选【恢复时需要密码】复选框，密码为 Jan16XXZX，设置计算机的闲置时间达到 5 分钟时系统启动屏保。

（2）对桌面的图标按名称进行排序，并将图标大小设置为“中”。

（3）把任务栏的显示模式切换至高效模式；在任务栏上显示【回收站】【电源】【显示桌面】【多任务视图】【时间】【桌面智能助手】插件图标。

（4）将启动器切换为全屏模式，在搜索框里输入“文件管理器”，快速定位到文件管理器，并在桌面上创建文件管理器的快捷方式。

（5）把文件管理器的显示视图设置为列表视图，使用高级搜索功能搜索系统中的文件类型为文档，访问时间为今天，文件大小为 1～10MB 的所有文档文件。

（6）在桌面新建一个文件夹，文件夹名称为 Work，在 Work 目录下新建一个文本文档和一个办公文档。使用命令行将 Work 目录压缩到当前目录下，并命名为 Work.tar。

项目 3　Jan16 公司办公电脑 UOS 用户的创建与管理

项目学习目标

项目课件　　项目微课

知识目标：

（1）了解 UOS 账户的类型；

（2）了解 UOS 账户设置的流程。

能力目标：

（1）能创建并设置 UOS 用户账户；

（2）能设置 Union ID 账户。

素质目标：

（1）通过分析国产自主可控操作系统研发案例，树立职业荣誉感、爱国意识和创新意识；

（2）通过分析近些年我国遭遇的信息安全漏洞事件，树立信息安全意识；

（3）树立严谨操作、一丝不苟的工作精神。

项目描述

Jan16 公司信息中心由信息中心主任黄工、系统管理组赵工和宋工 3 位工程师组成，组织架构图如图 3-1 所示。

图 3-1　Jan16 公司信息中心组织架构图

Jan16 公司信息中心网络拓扑如图 3-2 所示，PC1、PC2、PC3 均采用国产鲲鹏主机，且安装了 UOS，为了更好地管理和使用 UOS，需要对 UOS 的用户进行管理，项目概况如下。

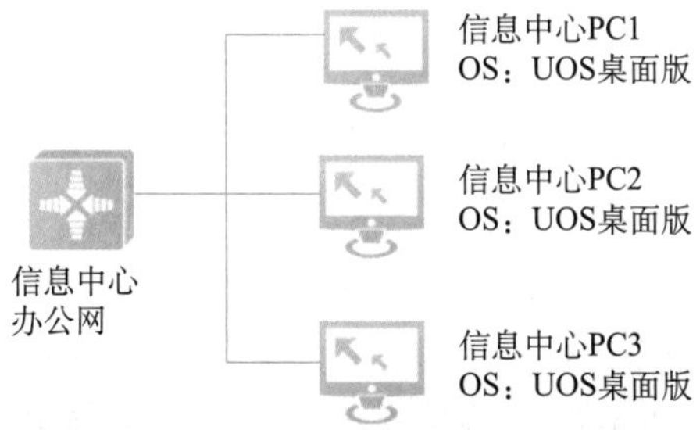

图 3-2　Jan16 公司信息中心网络拓扑

PC1、PC2、PC3 均预装了 UOS 桌面版，信息中心主任黄工日常办公使用 PC1，赵工和宋工日常办公分别使用 PC2 和 PC3。信息中心计算机的账户规划如表 3-1 所示。

表 3-1　信息中心计算机的账户规划表

计算机名	用户账户	密码	权限	登录方式	Union 账号
PC1	huang	Huang@ Jan16	常规用户	密码登录	黄工微信号
PC2	Zhao	Zhao@Jan16	常规用户	自动登录	赵工手机号
PC3	Song	Song@Jan16	常规用户	密码登录	宋工微信号

管理员需要根据账户规划表完成 3 台 PC 的账户配置及 3 位工程师的 Union 账号配置。

项目分析

UOS 是一个多用户多任务操作系统，系统管理员应通过创建用户账户为每个用户提供系统访问凭证。

本项目需要系统管理员熟悉 UOS 的用户设置与管理，涉及以下工作任务。

（1）管理信息中心计算机的本地用户账户，根据计算机的账户规划表，完成 3 个员工账户的创建与配置。

（2）个人账户绑定统信 Union 账户，实现用户个性化配置的远程同步。

相关知识

3.1 UOS 桌面版的账户类型

UOS 桌面版的账户类型分为本地账户与 Union 账户。

本地账户是指存储在计算机内部的账户，常用的有普通用户账户和超级用户账户（Root）两种。UOS 使用用户 ID（简称 UID）作为识别用户账户的唯一标识。Root 账户的 UID 为 0；普通用户的 UID 默认从 500 开始编号。

1）普通用户账户

普通用户登录系统后，只能访问他们拥有的或者有权限执行的文件，不执行管理任务，主要应用包括文字处理、收发邮件等。

2）超级用户账户

超级用户账户也叫管理员账户，它的任务是对普通用户和整个系统进行管理。超级用户账户对系统具有绝对的控制权，能够对系统进行一切操作，若操作不当很容易对系统造成损坏。因此，即使系统只有一个用户使用，也应该在超级用户账户之外再建立一个普通用户账号，在用户进行日常应用时以普通用户账户登录系统。

3.2 UOS 的网络账号

Union 账户是用户在统信软件注册的个人账户，登录 Union ID 后就可以使用云同步、应用商店、邮件客户端、浏览器等相关云服务功能。

开启网络账户设置中的云同步功能，可自动同步各种系统配置到云端，如网络、声音、鼠标、更新、任务栏、启动器、壁纸、主题、电源等。若想在另一台设备上使用相同的系统配置，只需登录此网络账户，即可一键同步以上配置到该设备。

任务 3-1 管理信息中心计算机的本地用户账户

任务规划

用户账户是访问 UOS 桌面版的凭证，本项目要求根据表 3-1，在 3 台 PC 上分别创建对应的用户账户。

在安装操作系统时，已经创建了一个普通账户，下面只需再新创建其他几位工程师的账户。按照表 3-1 添加账户信息。

创建和管理 Jan16 公司用户账户，需要完成以下任务。

（1）在 PC1 上创建黄工账号，并设置相关信息；

（2）在 PC2 和 PC3 上分别创建 2 个账号，即赵工和宋工，并按照规划表设置账号信息；

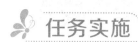

（3）修改登录方式；

（4）删除账户。

任务实施

账户管理

1. 在 PC1 上创建黄工账号【huang】并设置相关信息

1）设置用户账号、密码并登录

新安装的 UOS 在首次启动时，需要设置用户账号和密码，设置后才能登录。

（1）在设置账号密码界面，如图 3-3 所示，输入用户名、密码及重复密码，并单击【确认】按钮。

注意：用户名首字母必须小写。

图 3-3　系统首次登录账号设置

（2）系统进入登录界面，如图 3-4 所示，在界面的文本框中输入账户的密码。

图 3-4　系统登录界面

2）修改账户全名

（1）如图 3-5 所示，在控制中心首页，单击【账户】图标。

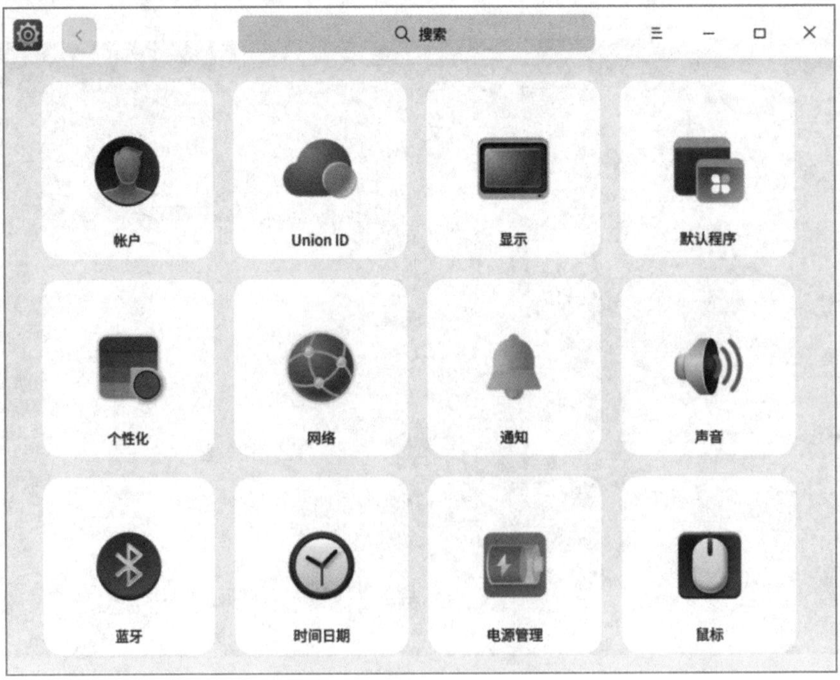

图 3-5　控制中心首页界面

（2）如图 3-6 所示，在账户设置界面，单击当前登录账户【huang】。

图 3-6　账户设置界面

（3）在当前登录账户界面，如图 3-7 所示，单击账户名称下的【设置全名】，在弹出的文本框中输入账户全名为“黄工”，账户全名就修改完成了。

图 3-7　设置账户全名

3）修改用户头像

在当前登录账户界面，如图 3-8 所示，单击账户名称上方的头像，系统弹出若干个头像，选择一个头像或添加本地头像，头像就替换完成了。

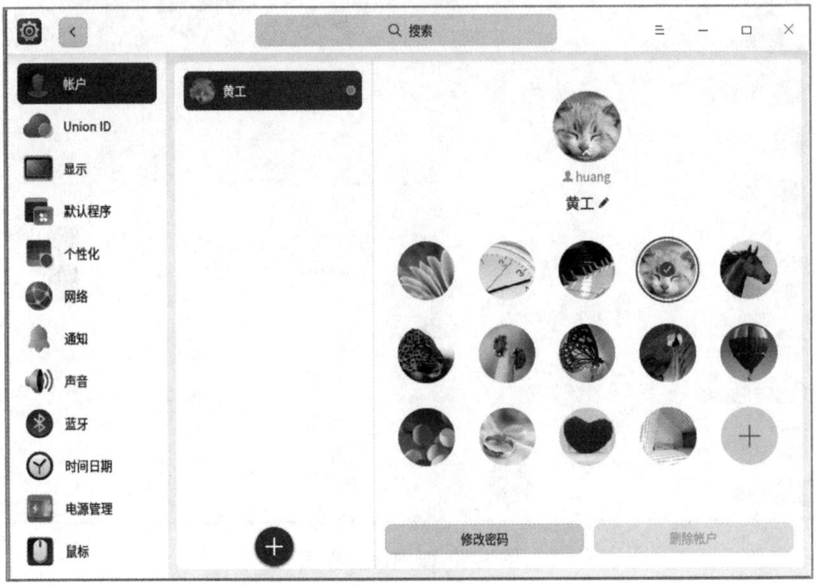

图 3-8　修改用户头像

4）修改账户密码

（1）在当前登录账户界面，如图 3-9 所示，单击【修改密码】按钮，进入修改密码界面。

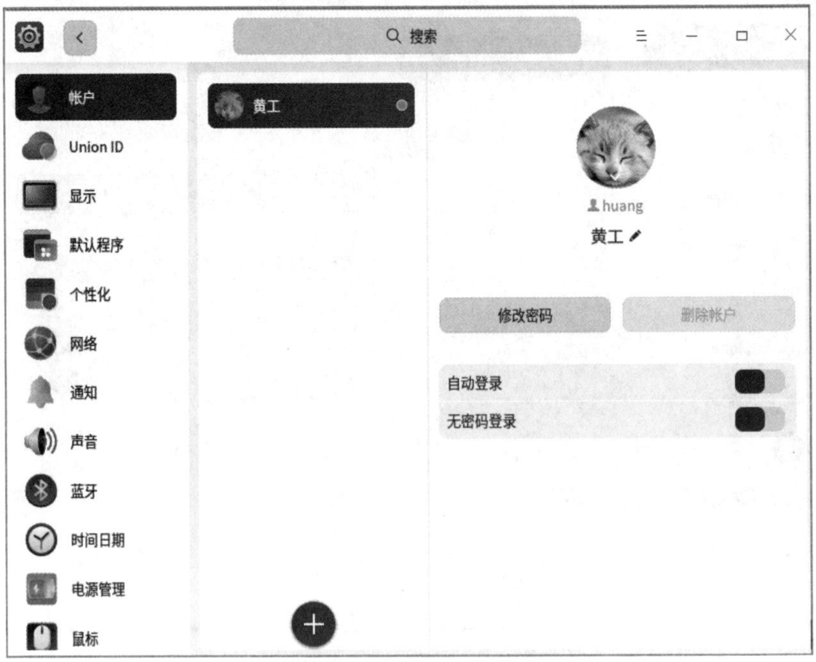

图 3-9　修改用户密码界面

（2）在修改密码界面，如图 3-10 所示，在文本框中输入当前密码、新密码及重复密码，再单击【保存】按钮，即可完成用户密码的修改。

图 3-10　修改用户密码

> 注意：用户只能修改自己账户的密码，不能修改其他用户账户的密码。

2. 在 PC2 和 PC3 上均创建赵工和宋工两个账号

下面以 PC2 为例进行演示操作。

新安装好的 UOS 在首次启动时，需要设置用户账号和密码。赵工账号在系统首次启动时设置完成。下面只需创建宋工的账户。

（1）在任务栏上单击【控制中心】 图标。

（2）在控制中心首页，如图 3-11 所示，单击【账户】 图标。

（3）在账户设置界面，如图 3-12 所示，单击添加按钮 。

（4）在新账户设置界面，如图 3-13 所示，按照账户规划表输入宋工的用户名、全名、密码，并重复密码，然后单击【创建】按钮。

图 3-11　单击【账户】图标

图 3-12　账户设置界面

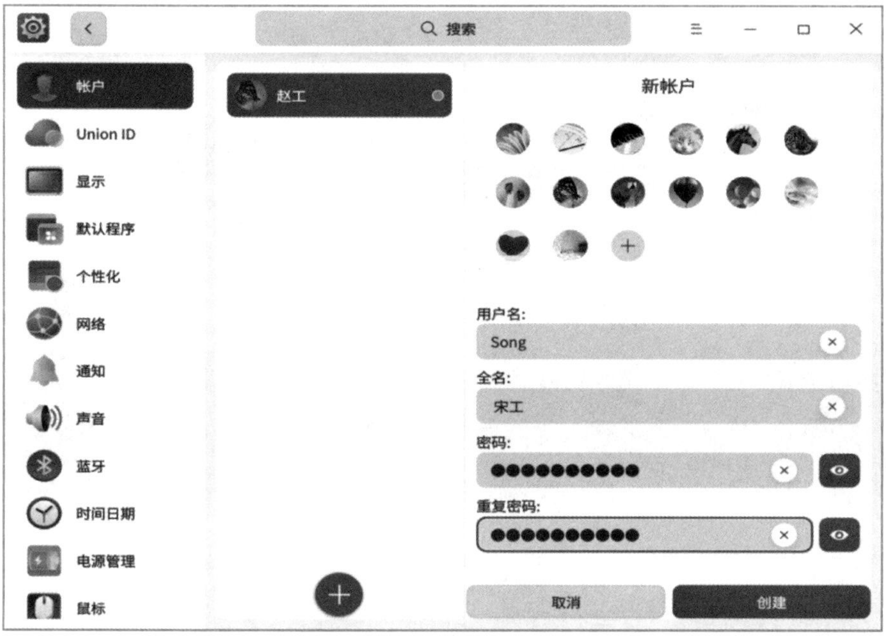

图 3-13　新创建账户设置界面

（5）在弹出的认证对话框中，如图 3-14 所示，输入当前登录账户赵工的密码，新账户就会添加到账户列表中，结果如图 3-15 所示。

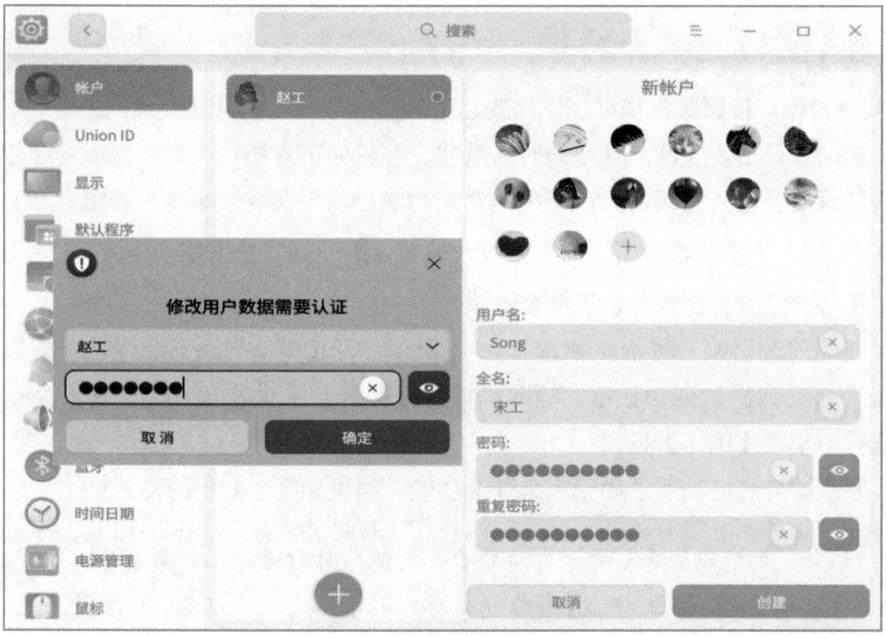

图 3-14　认证对话框

图 3-15　账户列表

3. 修改登录方式

以 PC2 为例，按照账户规划表，修改赵工的登录方式为：自动登录、无密码。

开启自动登录后，下次启动系统时（重启、开机）可直接进入桌面。但是在锁屏和注销后再次登录需要输入密码。开启无密码登录功能后，下次登录系统时（重启、开机和注销后再次登录），不需要输入密码，单击登录按钮 ➔ 即可登录系统，具体操作步骤如下。

（1）在账户设置界面，单击当前登录账户——赵工。

（2）在当前登录账户界面，如图 3-16 所示，打开【自动登录】和【无密码登录】开关，系统会自动弹出认证对话框，输入当前登录账号赵工的密码，勾选【清空钥匙环密码】复选框，单击【确定】按钮。

（3）系统即开启自动登录和无密码登录功能，结果如图 3-17 所示。

> 窍门：若“无密码登录”和“自动登录”功能同时打开，下次启动系统（重启、开机）则直接进入桌面。默认勾选【清空钥匙环密码】复选框，在无密码登录情况下登录已经记录密码的程序时不需要再次输入系统登录密码，反之则每次都需要输入系统登录密码。

图 3-16　自动登录过程中的认证

图 3-17　自动登录和无密码登录

4. 删除账户

宋工由于工作需要已转到其他部门，故在 Jan16 公司研发部的 PC2 和 PC3 中要把宋工的账号删除。现以 PC2 为例进行演示操作，具体步骤如下。

（1）在控制中心首页，如图 3-18 所示，单击【账户】图标。

图 3-18　控制中心首页

注意：赵工账户后有绿色圆点，说明为当前登录账户。

（2）在账户设置界面，单击当前未登录的宋工账户，然后单击【删除账户】按钮。

（3）系统弹出提示对话框，如图 3-19 所示。系统提示：如果删除账户，该账户下的所有信息将无法恢复。勾选【删除账户目录】复选框，然后单击【删除】按钮。

图 3-19　删除用户提示对话框

（4）系统弹出认证对话框，如图 3-20 所示，输入当前登录账户赵工的密码，单击【确定】按钮，账户删除完成。

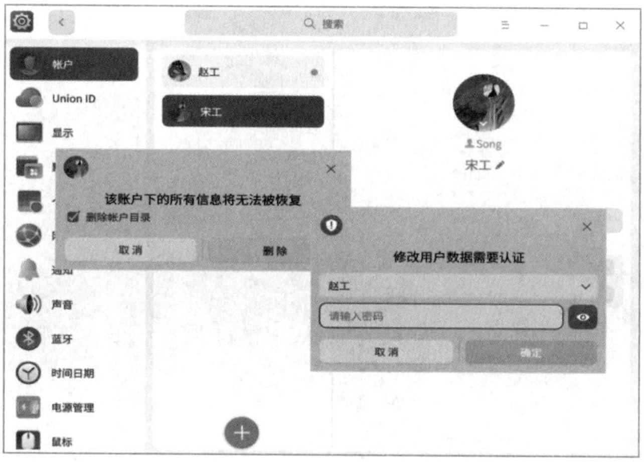

图 3-20　修改用户信息认证对话框

注意：已登录的账户无法被删除。

任务验证

（1）在 PC1 上以黄工的账号登录，如图 3-21 所示，验证黄工的用户信息是否正确，能否正常登录。

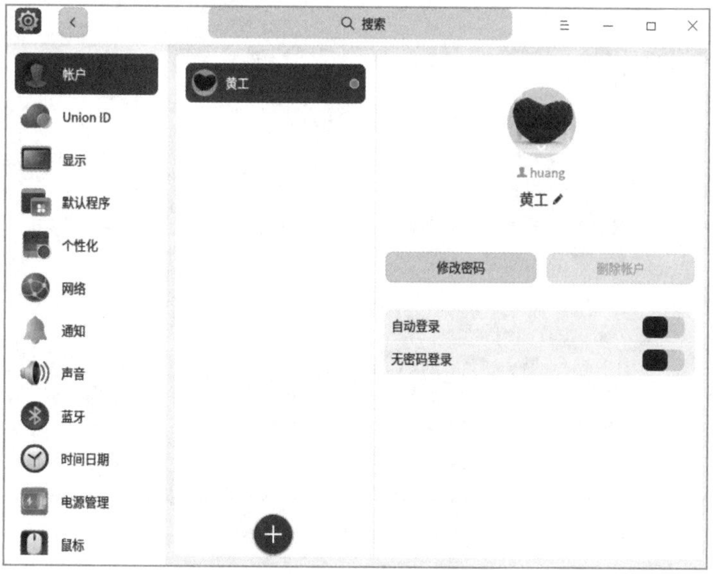

图 3-21　登录并验证用户信息

（2）在 PC2、PC3 上验证赵工、宋工的登录信息。按照账户规划表，验证赵工的用户信息是否正确，能否正常登录。

① 重启系统后，系统不需要输入密码，直接进入桌面，结果如图 3-22 所示。

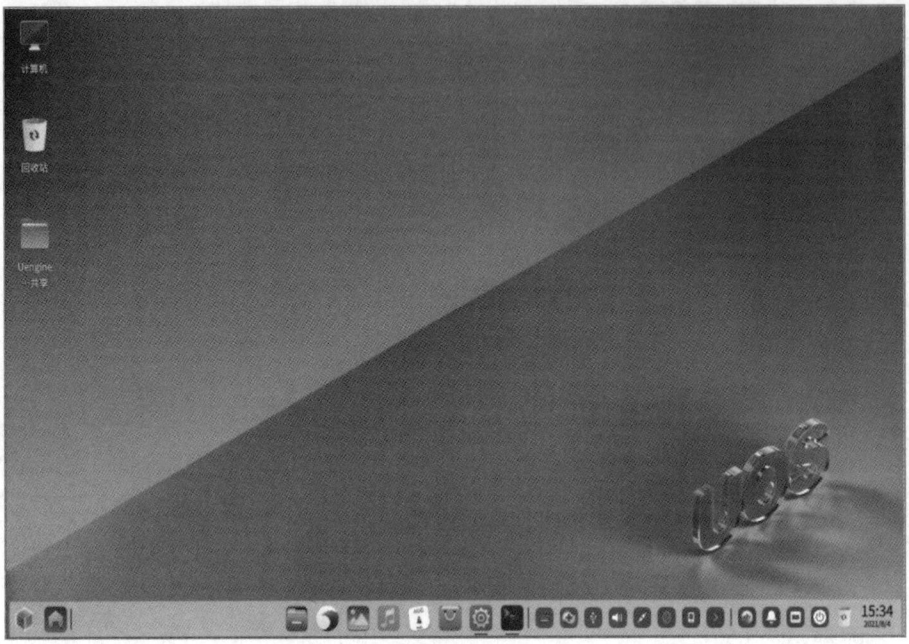

图 3-22　用户桌面

② 在控制中心首页，单击【账户】按钮，如图 3-23 所示。

图 3-23　控制中心首页

③ 在账户设置界面，账户列表中只有一个账户——赵工，即宋工的账户已经被删除。

④ 在当前登录账户界面，查看【自动登录】和【无密码登录】开关是否开启，结果如图3-24所示。

图3-24　自动登录和无密码登录

任务3-2　个人账户绑定统信Union账户

任务规划

黄工以微信号注册Union ID、赵工以手机号注册Union ID登录UOS，登录后开启同步功能，同步账户信息。

Union账户

任务实施

下面以赵工为例演示个人账户绑定统信Union账户的操作。赵工使用手机号注册Union ID，登录后开启同步功能。

（1）在控制中心首页，单击【Union ID】，打开如图3-25所示的Union ID注册界面，单击【注册】按钮。

图 3-25　Union ID 注册界面

（2）系统弹出如图 3-26 所示的【隐私政策】对话框，勾选【我已阅读并同意《隐私政策》】复选框，并单击【确认】按钮。

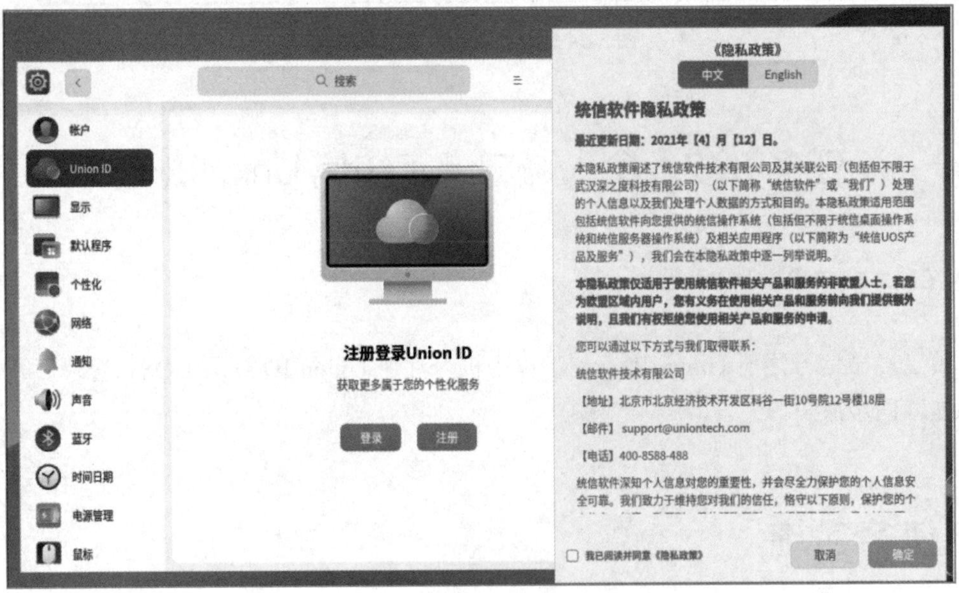

图 3-26 【隐私政策】对话框

（3）在弹出的界面中，单击左上角手机图标，切换注册方式为手机号注册，结果如图 3-27 所示。

图 3-27　切换为手机号注册方式

（4）输入手机号码、验证码，并勾选【我已阅读并同意】复选框，然后单击【确认注册】按钮。

（5）在 Union ID 注册界面，设置账号密码，并再次确认密码，然后单击【完成注册】按钮，完成 Union ID 的注册，如图 3-28 所示。

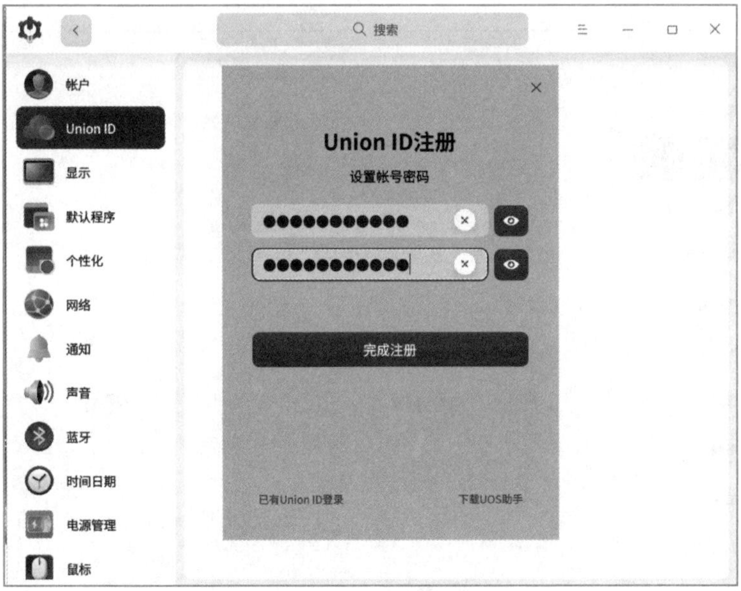

图 3-28　设置账号密码

（6）注册完成后，在 Union ID 账号设置界面单击【登录】按钮。

（7）系统弹出 Union ID 登录界面，单击左上角的手机图标，切换登录方式为手机号，如图 3-29 所示。

图 3-29　Union ID 登录页面

（8）文本框中输入手机号、密码，然后单击【登录】按钮，即可完成系统使用 Union ID 登录的设置。

（9）在弹出的 Union ID 登录界面，单击开启【自动同步配置】开关，如图 3-30 所示，系统进行自动同步配置。

图 3-30　自动同步配置

小贴士：开启云同步后可自动同步各种系统配置到云端，如网络、声音、鼠标、更新、任务栏、启动器、壁纸、主题、电源等。若想在另一台计算机上使用相同的系统配置，只需登录此网络账户，即可一键同步以上配置到该设备。窍门：当“自动同步配置”开启时，可以选择同步项；当“自动同步配置”关闭时，则全部不能同步。

任务验证

赵工使用已注册的 Union ID 账号登录 PC3，验证个性化桌面设置自动从云端下载。

（1）在 Union ID 账号设置界面，单击【登录】按钮。

（2）系统弹出 Union ID 登录界面，如图 3-31 所示。单击左上角手机图标，切换登录方式为手机号。

图 3-31　Union ID 账号登录界面

（3）在 Union ID 手机登录界面，如图 3-32 所示，在文本框中输入手机号、密码，并单击【登录】按钮，完成 Union ID 登录设置。

（4）在弹出的 Union ID 页面，如图 3-33 所示，单击开启【自动同步配置】开关，使系统进行自动同步配置。

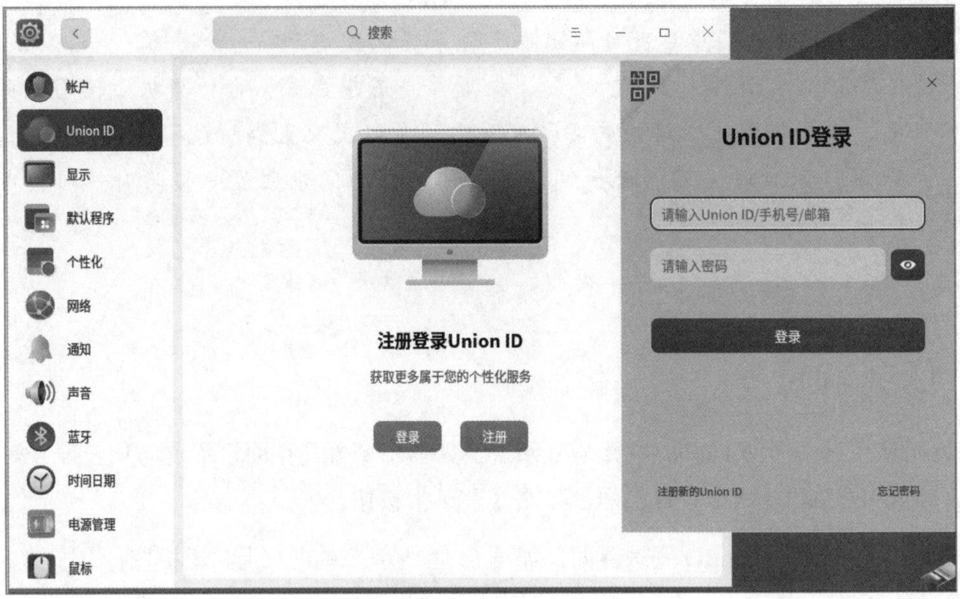

图 3-32　切换登录方式

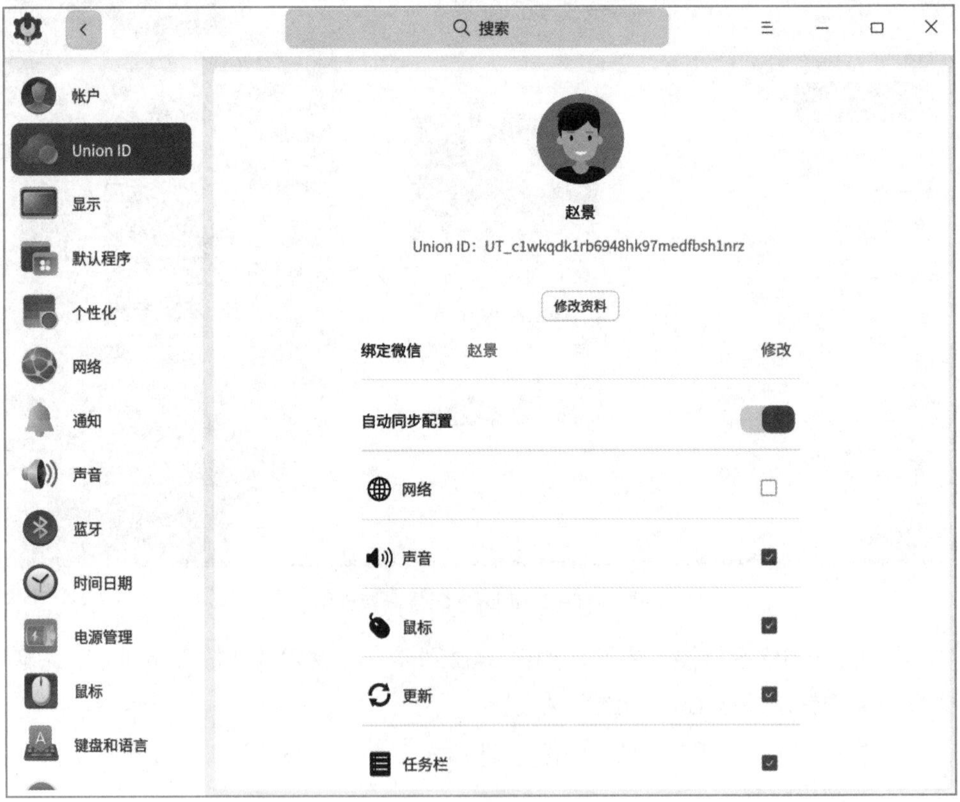

图 3-33　自动同步配置

练习与实践 3

1．项目背景

公司销售部由销售总监李总、销售经理杨经理和张经理 3 名员工组成。

销售部为满足日常办公需要，特采购了 3 台安装有 UOS 的 PC。现要求为销售部的 3 台 PC 进行账户的设置并注册网络账号。研发部员工的账户信息如表 3-2 所示。

表 3-2　研发部员工账户信息表

姓名	计算机名	用户账户	密码	岗位	登录方式
李总	PC1	Li	Li@Jan16	销售总监	密码登录
杨经理	PC2	Yang	Yang@Jan16	销售经理	无密码登录
张经理	PC3	Zhang	Zhang @Jan16	销售经理	自动登录

2．项目要求

（1）根据规划表，在销售部 PC 系统上进行账号设置，并截取 3 个用户登录界面。

（2）为 3 个用户设置网络账号，并截图显示登录信息。

项目4　Jan16公司办公电脑的网络设置与应用

项目学习目标

项目课件　项目微课

知识目标：

（1）了解UOS网络的连接方式；

（2）理解UOS网络设置的步骤。

能力目标：

（1）能进行UOS有线网络的设置；

（2）能进行UOS无线网络的设置；

（3）能使用浏览器浏览网页。

素质目标：

（1）通过分析国产自主可操控软硬件研发案例，树立职业荣誉感和爱国意识；

（2）通过分析UOS与Windows操作系统功能的对比，激发创新和创造意识；

（3）树立网络安全、信息安全意识。

项目描述

Jan16公司信息中心由信息中心主任黄工、系统管理组赵工和宋工3位工程师组成，组织架构图如图4-1所示。

图4-1　Jan16公司组织架构图

Jan16公司信息中心网络拓扑如图4-2所示，PC1、PC2、PC3均采用国产鲲鹏主机，已经安装了UOS并完成了桌面和账户配置，为了能进行网络连接，需要对网络进行设置。

项目概况如下。

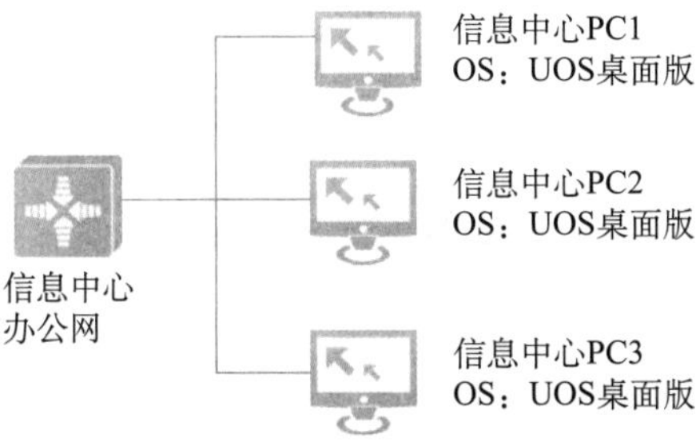

图 4-2　Jan16 公司信息中心办公网络拓扑

PC1、PC2、PC3 均需进行有线网络、无线网络的配置，以实现通过浏览器浏览网页。

项目分析

本项目需要工程师熟悉网络配置的方法，并准确地进行网络配置，从而使客户能够使用浏览器浏览网页。本项目主要涉及以下工作任务。

（1）使用有线连接网络；

（2）使用无线连接网络；

（3）使用浏览器浏览网页。

相关知识

4.1　网络连接方式

登录 UOS 后，用户需要连接网络，才能接收邮件、浏览新闻、下载文件、聊天、网上购物等。UOS 提供多种连接网络方式，用户可以根据需求选择相应的方式进行连接。常见的网络连接方式有两种，一种是有线网络，另一种是无线网络。

有线网络（Wired Network）是指采用同轴电缆、双绞线和光纤来连接的计算机网络。同轴电缆网是一种常见的联网方式。它比较经济，安装较为便利，但传输率和抗干扰能力一般，传输距离较短。双绞线网是目前最常见的联网方式。它价格便宜，安装方便，但易受干扰，传输率较低，传输距离比同轴电缆要短。光纤是光导纤维的简写，由于光在光导纤维中的传导损耗比电在电线中的传导损耗低得多，因此用于长距离的信息传递。

无线网络（Wireless Network）是采用无线通信技术实现的网络。无线网络既包括远距离无线连接的全球语音和数据网络，也包括利用红外线技术和射频技术优化的近距离无线网络。无线网络与有线网络的用途十分类似，最大的不同在于传输媒介不同，它利用无线电技术取代网线。无线网络相比有线网络的优点如下。

1. 高灵活性

无线网络使用无线信号通信，网络接入更加灵活，只要有信号的地方都可以随时随地将网络设备接入网络。

2. 可扩展性强

无线网络终端对设备接入数量的限制更少，相比有线网络一个接口对应一个设备，无线路由器容许多个无线终端设备同时接入无线网络，因此在网络规模升级时无线网络的优势更加明显。

4.2 无线局域网

无线局域网 WLAN 是 Wireless Local Area Network 的简称，是指应用无线通信技术将计算机设备互联起来，构成可以互相通信和实现资源共享的网络体系。无线局域网的本质特点是不再使用通信电缆将计算机与网络连接起来，而是通过无线的方式连接，从而使网络的构建和终端的移动更加灵活。

无线局域网是相当便利的数据传输系统，它利用射频（Radio Frequency，RF）技术，使用电磁波取代电缆等所构成的局域网络，在空中进行通信连接，通过简单的存取架构即可让用户达到“信息随身化、便利走天下”的理想境界。

4.3 IP 地址

IP 地址是用来标识网络中的一个通信实体的，一个数据包具有源主机和目的主机的 IP 地址，路由器可通过 IP 地址所在的网络进行数据包的转发。

一个 IP 地址由 32 位二进制数组成，主要包括两部分：一部分为用来标识所在网络的网络号，另一部分为用于指定某台特定主机的主机号，一般采用点分十进制表示。

网络号由 Internet 组织分配，主机号由各个网络的管理员分配。所以网络地址的唯一性与网络内主机地址的唯一性确保了 IP 地址的全球唯一性（其中保留给某些网络使用的私有地址除外）。

为适应不同规模的网络，IP 地址分为了 5 个不同的地址类别（A、B、C、D、E 五类）。

1. A 类 IP 地址（用来支持超大网络）

（1）地址的第 1 个字节为网络号，其他 3 个字节为主机号。

（2）地址范围：1.0.0.1～126.255.255.254。

（3）地址中的私有地址和保留地址。

① 10.X.X.X 是私有地址（所谓的私有地址就是不被用于互联网，而被用在局域网络中的地址）。

② 127.X.X.X 是保留地址，用于循环测试。

2. B 类 IP 地址（用来支持中等网络）

（1）地址第 1 个字节和第 2 个字节为网络号，其他 2 个字节为主机号。

（2）地址范围：128.0.0.1～191.255.255.254。

（3）地址中的私有地址和保留地址。

① 172.16.0.0～172.31.255.255 是私有地址。

② 169.254.X.X 是保留地址。如果用户的 IP 地址是自动获取的，而该用户在网络上又没有找到可用的 DHCP 服务器，就会得到其中一个 IP 地址。

3. C 类 IP 地址（用来支持小型网络）

（1）地址的第 1 个字节、第 2 个字节和第 3 个字节为网络号，第 4 个字节为主机号。此外，第 1 个字节的前三位固定为 110。

（2）地址范围：192.0.0.1～223.255.255.254。

（3）地址中的私有地址：192.168.X.X。

4. D 类 IP 地址（用来支持组播，也称组播地址）

（1）地址不分网络号和主机号，它的第 1 个字节的前四位固定为 1110。

（2）地址范围：224.0.0.1～239.255.255.254。

5. E 类 IP 地址（用于科研）

（1）地址不分网络号和主机号，它的第 1 个字节的前五位固定为 11110。

（2）地址范围：240.0.0.1～255.255.255.254。

6. 保留 IP 地址

网络地址：网络号不变，主机号全为 0 的 IP 地址表示网络本身，就是网络地址。

广播地址：网络号不变，主机号全为 1 的 IP 地址是广播地址。

注：这就是每类网络的最大主机数要减 2 的原因，即减去一个网络地址和一个广播地址。

任务 4-1　使用有线连接网络

任务规划

Jan16 公司 UOS 桌面设置完成之后，用户需要连接网络，才能进行接收邮件、浏览新闻、下载文件、聊天、网上购物等操作。

有线网络的特点是安全、快速、稳定，是较常见的网络连接方式。

要完成 UOS 有线网络的连接，需要进行以下操作。

（1）开启有线网络连接功能。

（2）设置有线网络。

任务实施

使用有线连接网络

1. 开启有线网络功能

（1）将网线的一端插入计算机上的网络接口，将网线的另一端插入路由器或网络端口。

（2）在控制中心首页，单击【网络】图标，如图 4-3 所示。

图 4-3　控制中心首页

（3）单击【有线网络】，进入有线网络设置界面，打开【有线网卡】开关，开启有线网络连接功能，如图 4-4 所示。当网络连接成功后，桌面右上角将弹出【已连接“有线连接 1”】的提示信息，如图 4-5 所示。

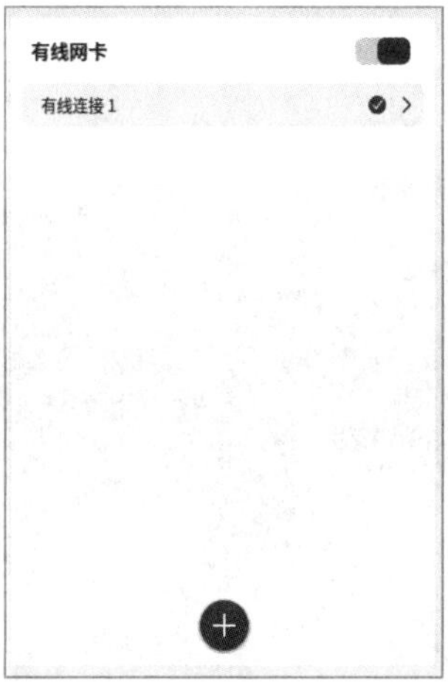

图 4-4　开启有线网络连接功能

图 4-5　提示信息

2. 设置有线网络功能

在有线网络设置界面还可以编辑或新建有线网络，操作步骤如下。

（1）在有线网络设置界面，单击添加网络设置按钮。

（2）在弹出的对话框中设置通用、安全、IPv4 或 IPv6 等参数，如图 4-6 所示。

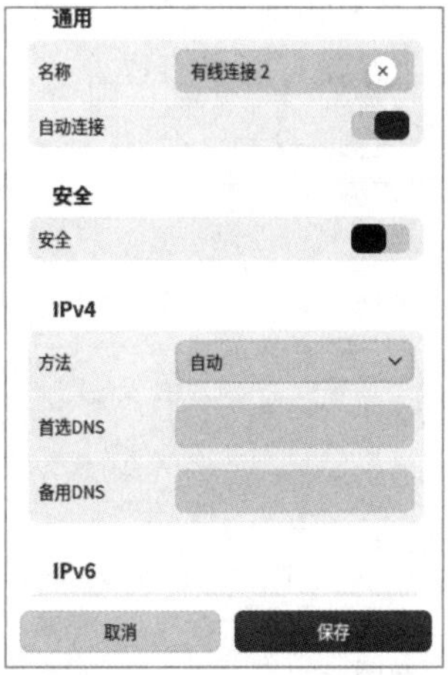

图 4-6　有线网络设置

（3）单击【保存】按钮，系统将自动创建有线连接并尝试连接。

任务验证

设置好有线网络后，在终端使用 ping 命令测试连接百度网站以确认 UOS 是否正常联网，如图 4-7 所示。

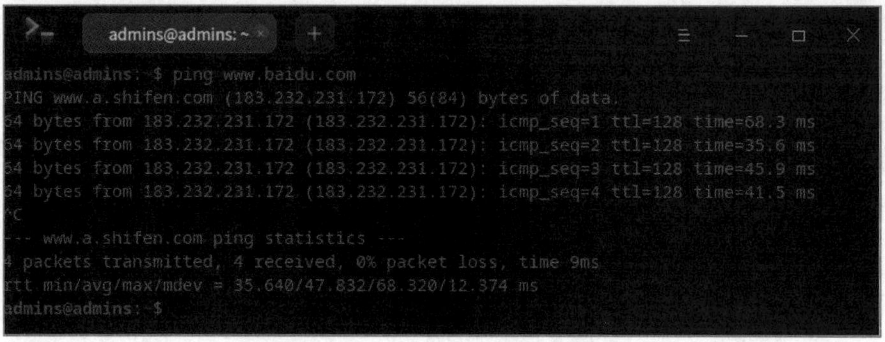

图 4-7　ping 命令联网测试

任务 4-2　使用无线连接网络

任务规划

Jan16 公司 UOS 桌面设置完成之后，用户需要连接网络，才能进行接收邮件、浏览新闻、下载文件、上网购物等操作。

与有线网络相比，无线网络摆脱了线缆的束缚，上网形式更加灵活。

要完成 UOS 无线网络的连接，需要完成以下操作。

（1）连接无线网络。

（2）连接隐藏网络。

（3）使用热点。

任务实施

使用无线连接网络

1. 连接无线网络

连接无线网络的具体操作步骤如下。

（1）在网络设置界面，单击【无线网络】，进入无线网络设置界面，单击打开【无线网卡】开关，开启无线网络连接功能，计算机会自动搜索并显示附近可用的无线网络，如

图 4-8 所示。

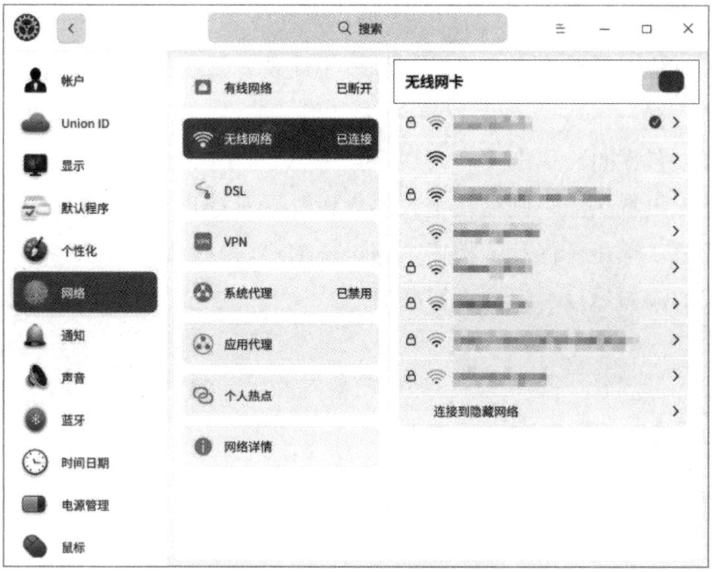

图 4-8　无线网络设置界面

（2）单击某个无线网络后的图标 >，将弹出无线网络设置对话框，打开【自动连接】开关，单击【保存】按钮，下次再打开【无线网卡】开关后，计算机将自动连接该无线网络。另外，在无线网络设置对话框，单击【取消】按钮，返回无线网络设置界面；单击【删除】按钮，将清除该无线网络配置，下次连接该网络时需要重新配置信息。

（3）选择需要连接的无线网络时，可能会出现如下两种情况。

- 如果该网络是开放的，计算机将自动连接到网络。
- 如果该网络是加密的，则需要根据提示输入正确密码，单击【连接】按钮后，自动完成连接。

2. 连接隐藏网络

为了防止他人扫描到个人的 WiFi，进而破解 WiFi 密码连接到网络，可以在路由器的设置界面隐藏无线网络，并通过控制中心的【连接到隐藏网络】功能连接到隐藏的无线网络。在路由器中设置隐藏无线网络的操作步骤如下。

（1）接通路由器电源后，在浏览器地址栏输入路由器背面标签上的网址或 IP 地址（如 192.168.1.1），并输入密码等，进入路由器设置界面。

（2）选择【无线设置】，在无线设置界面的【基本设置】中，单击【信息隐藏】按钮。

在路由器中完成无线网络设置后，用户需要手动连接到隐藏网络才能上网，具体操作步骤如下。

（1）在无线网络设置界面，单击【连接到隐藏网络】。

（2）在弹出的对话框中输入网络名称和其他必填选项，单击【保存】按钮。

3. 个人热点

通过【个人热点】功能可将计算机自身转换为 WiFi 热点，以供一定距离内的其他设备进行无线连接。想要开启个人热点，计算机必须装有无线网卡。开启个人热点的具体步骤如下。

（1）在网络设置界面，单击【个人热点】。

（2）如果还未设置热点，则需在个人热点设置界面打开【热点】开关，在弹出的对话框中设置热点信息，单击【保存】按钮，即可添加热点。如果未添加热点，可单击添加热点按钮，在弹出的添加热点对话框进行添加。

任务验证

连接到设置好的无线网络，测试网络连接是否成功。

任务 4-3　使用浏览器浏览网页

任务规划

浏览器是一种用于检索并显示网络信息资源的应用程序，可用于检索并显示文字、图像及其他信息，方便用户快速地查找与使用。Jan16 公司 PC 网络的设置完成后，需要使用浏览器浏览网页信息。

使用浏览器浏览网页

任务实施

浏览器是 UOS 预装的一款高效、稳定的网页浏览工具，有着简单的交互界面，界面上包括地址栏、菜单栏、多标签浏览、下载管理等组成部分。

（1）在如图 4-9 所示的任务栏单击浏览器图标，打开页面窗口。

图 4-9　任务栏

（2）在地址栏输入要访问的网站地址，按【Enter】键即可访问网站，如图 4-10 所示为打开的网页窗口。

图 4-10　网页窗口

（3）在菜单栏中，单击【自定义及控制浏览器】按钮 ≡ ，进行浏览器功能设置，如图 4-11 所示。

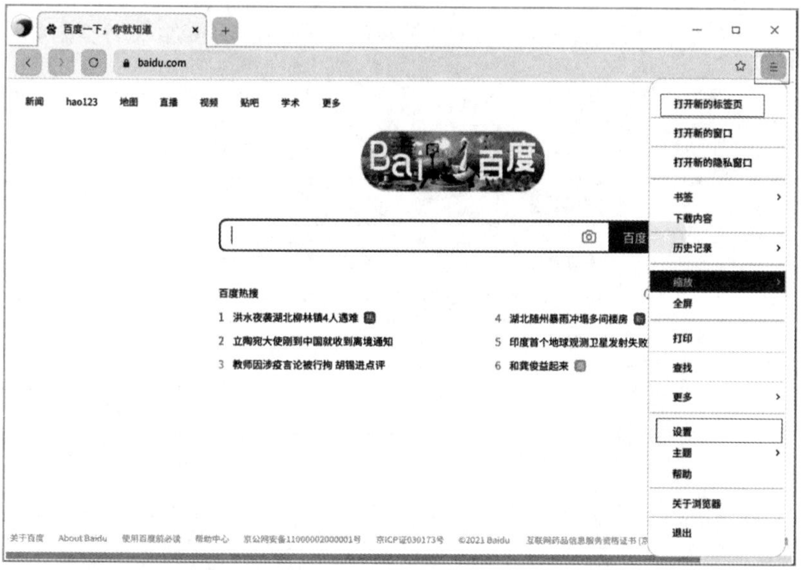

图 4-11　浏览器功能设置

（4）单击【打开新的标签页】选项，开启网站的页面多标签浏览。单击网站标签右侧的 + 按钮，可以添加多标签网站，如图 4-12 所示。

图 4-12　添加多标签网站

（5）单击 ☆ 按钮，可为此标签页添加书签，即把当前网页加入书签，如图 4-13 所示。

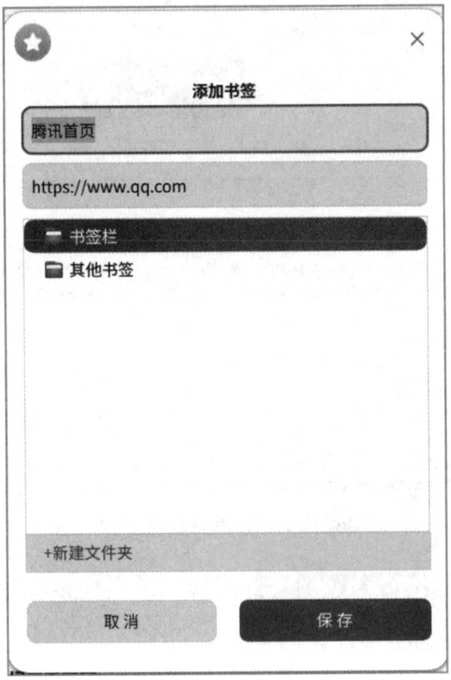

图 4-13　添加书签

（6）单击【设置】选项，可以进行浏览器的设置，如网页缩放、字号等，设置界面如

图 4-14 所示。

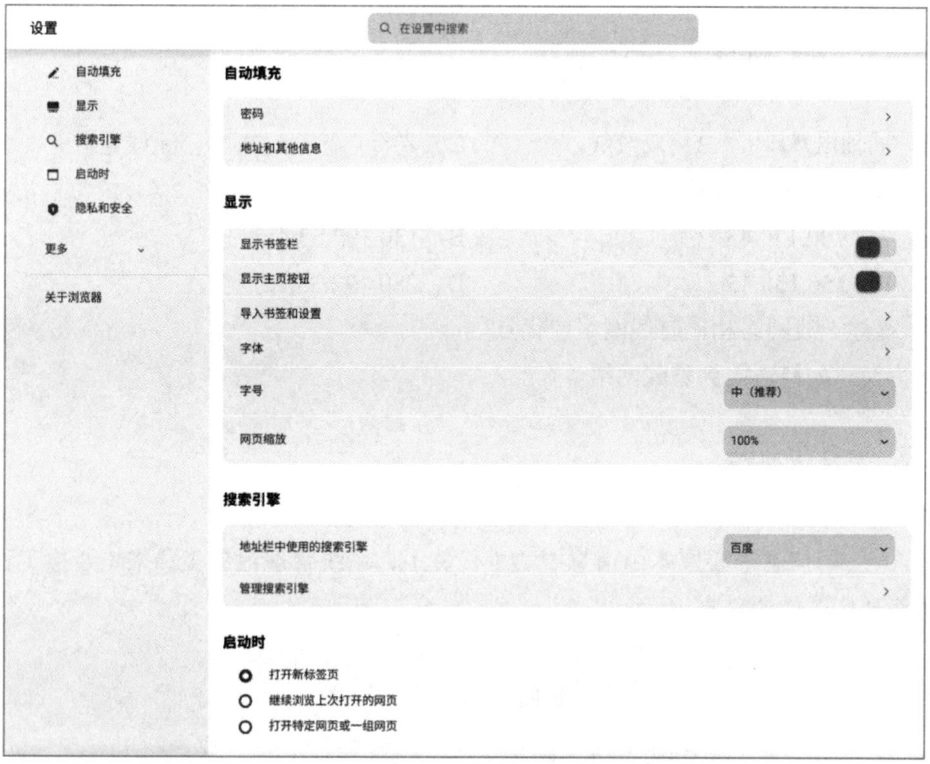

图 4-14　浏览器的设置界面

任务验证

以黄工账号登录 UOS，查看浏览器的设置是否合理。

练习与实践 4

一、理论习题

1．有线网络是指采用 ________、________ 和 ________ 来连接的计算机网络。

2．一个 IP 地址由 ________ 位二进制数组成，主要包括两部分：一部分是 ________，另一部分是 ________。

3．B 类地址的私有地址是 ________。

4．C 类地址的地址范围为 ________。

5．网络地址是指 ________ 不变，________ 全为 0 的 IP 地址，广播地址是指 ________ 不变，________ 全为 1 的 IP 地址。

6．在下面的 IP 地址中，属于 C 类地址的是（　　）。

A．141.0.0.0　　　　B．10.10.1.2

C．197.234.111.123　　　　D．225.22.33.11

7．下面（　　）常用于长距离的信息传输。

A．同轴电缆　　B．双绞线　　C．光纤　　D．无线电波

8．下面选项中有效的 IP 地址是（　　）。

A．262.200.130.45　　　　B．130.192.33.45

C．192.256.130.45　　　　D、280.192.33.22

9．简述无线网络相比有线网络的优点。

10．简述如何连接到隐藏网络。

二、项目实训题

1．项目背景

Jan16 公司信息中心原本由信息中心主任黄工、系统管理组赵工和宋工 3 位工程师组成，组织架构图如图 4-15 所示。

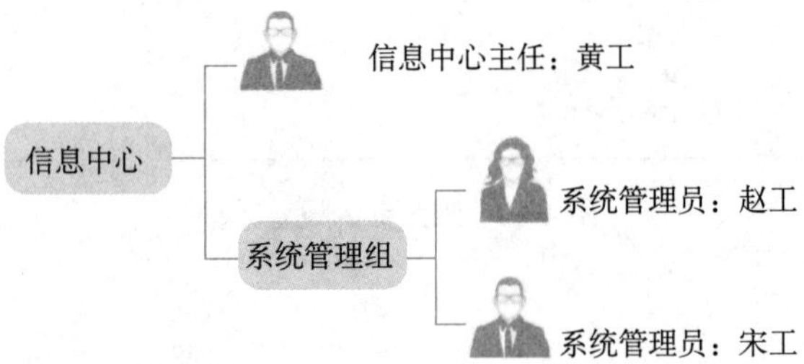

图 4-15　Jan16 公司组织架构图

Jan16 公司信息中心网络拓扑如图 4-16 所示，PC1、PC2、PC3 均采用国产鲲鹏主机，均已安装 UOS，项目概况如下。

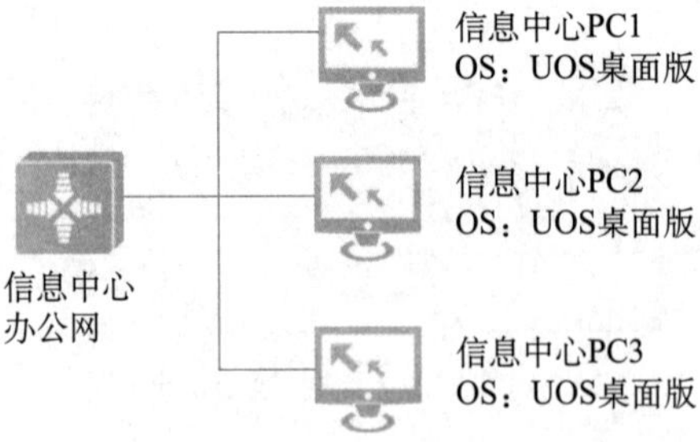

图 4-16　信息中心网络拓扑

由于黄工不需要经常外出调试设备，故通过有线网络方式连接公司网络即可。而赵工和宋工需要经常外出去机房调试设备，故通过无线网络方式连接公司网络会更方便。项目规划表如表 4-1 所示。

表 4-1　项目规划表

项目任务	完成任务所需步骤
一、帮助黄工通过有线网络方式连接网络	开启有线网络连接功能
	设置有线网络
二、帮助赵工和宋工通过无线网络方式连接网络	搜索无线网络
	连接无线网络

2．项目要求

（1）根据项目规划表，完成第一个任务并截取以下系统截图。

① 开启有线网络连接功能，截取有线网络设置界面。

② 网络连接成功后，截取“已连接有线连接”提示界面。

（2）根据项目规划表，完成第二个任务并截取以下系统截图。

① 开启无线网络连接功能后，截取控制中心的无线网络设置界面。

② 连接到公司网络后，截取无线网络设置界面。

项目5　办公电脑应用软件的安装与管理

项目学习目标

项目课件　项目微课

知识目标：

（1）了解统信应用软件的类别；

（2）了解统信应用软件的使用方法。

能力目标：

（1）能下载并安装统信常用应用软件；

（2）能设置输入法；

（3）能设置邮箱并进行日常的邮件操作；

（4）能安装并使用日常的办公软件；

（5）能使用截图软件；

（6）能设置并使用系统安全应用软件。

素质目标：

（1）通过分析国产自主可控软硬件研发案例，树立职业荣誉感、爱国意识和创新意识；

（2）通过UOS与Windows操作系统功能的对比分析，激发创新和创造意识；

（3）树立网络安全、信息安全意识。

项目描述

Jan16公司信息中心由信息中心主任黄工、系统管理组赵工和宋工3位工程师组成，组织架构图如图5-1所示。

图5-1　Jan16公司组织架构图

Jan16 公司信息中心网络拓扑如图 5-2 所示，PC1、PC2、PC3 均采用国产鲲鹏主机，已经安装了 UOS 并完成了网络配置，项目概况如下。

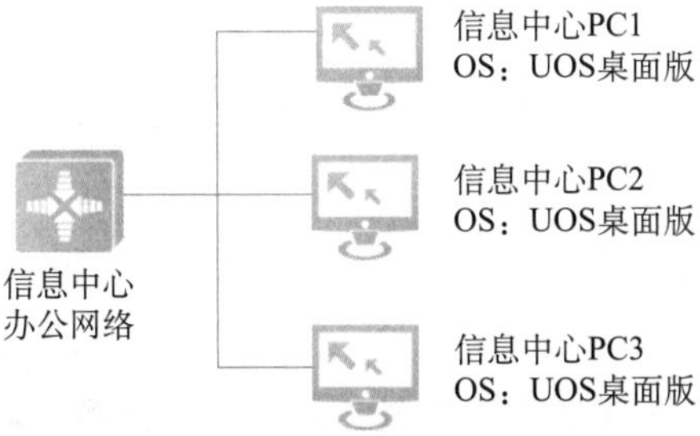

图 5-2　Jan16 公司信息中心网络拓扑

为了能更好地进行日常办公，PC1、PC2、PC3 均需进行常用软件的安装与配置，需要下载、安装并设置应用程序，能够进行日常邮件的处理、输入法的设置、安装并使用常用办公软件等。

项目分析

本项目需要信息中心工程师熟悉软件管理的方法，下载、安装并管理各种应用程序，主要涉及以下工作任务。

（1）管理应用程序；

（2）输入法设置；

（3）邮箱应用；

（4）常用办公软件应用；

（5）多媒体应用；

（6）系统安全应用。

相关知识

5.1　应用商店

UOS 预装的应用商店是一款集应用软件展示、下载、安装、卸载、评论、评分、推荐于一体的应用程序。应用商店中筛选和收录了不同类别的应用软件，每款应用软件都经过人工安装和验证。在应用商店中可以搜索热门应用软件，一键下载并自动安装。

5.2 基于命令行的包管理器

包管理器是 Linux 操作系统蓬勃发展的关键因素，是基于命令行的软件管理工具。包管理器的存在，使得操作系统的安装、更新、卸载变得十分容易。

UOS 是基于 Debian 开发的，其包管理器也沿用了 Debian 的方法。Debian 开发了一套规则来规范系统的行为，UOS 基于这套规则，开发了 apt 包管理器。有了 apt 包管理器普通用户就不需要了解复杂的规则，只需要了解基本的安装、卸载等命令即可完成相关操作。apt 中常见的命令如表 5-1 所示。

apt 是一个简单的软件包下载和安装的命令行接口，只需要软件包名，apt 就会自动在软件仓库中搜索软件包名，进行下载和安装。如果下载的软件包还依赖其他包，apt 会自动下载并安装依赖包。

表 5-1 apt 中常见的命令

命令	说明
apt-get install <package>	安装软件
apt-get -f install <package>	修复安装的软件
apt-get remove <package>	卸载软件包
apt-get remove <package> -purge	卸载软件包的同时删除其配置文件
apt-get update	更新软件源
apt-get upgrade	更新已安装的软件包

UOS 安装完成后，操作系统有一个默认的软件源，软件源配置文件路径为 /etc/apt/sources.list。根据使用需求可以手动配置软件源，配置过程如下。

① 打开终端，输入命令 sudo vim /etc /apt/sources.list。

② 添加或修改 sources.list 配置文件。

③ 编辑完成后保存退出，然后执行 sudo apt-get update 命令，使新的软件源生效。

任务 5-1 管理应用软件

任务规划

Jan16 公司员工的计算机都需要安装一些常用应用软件来方便日常办公，因此对应用软件的管理就显得非常必要了。UOS 预装的应用商店就可以满足员工下载、安装、卸载应用软件的需要。

Jan16 公司办公计算机管理应用程序可通过以下步骤实现。

（1）下载安装及卸载应用软件；

（2）管理默认软件。

任务实施

管理应用程序

1. 使用应用商店下载、安装及卸载应用软件

1）打开应用商店

单击任务栏上的应用商店图标，即可进入应用商店界面，如图 5-3 所示。

图 5-3　应用商店界面

2）搜索应用

应用商店自带搜索功能，支持文字搜索方式。

在应用商店界面，单击搜索按钮，在打开的搜索框中输入关键字，进行应用软件搜索。搜索框下方将自动显示包含该关键字的所有应用软件，如图 5-4 所示。

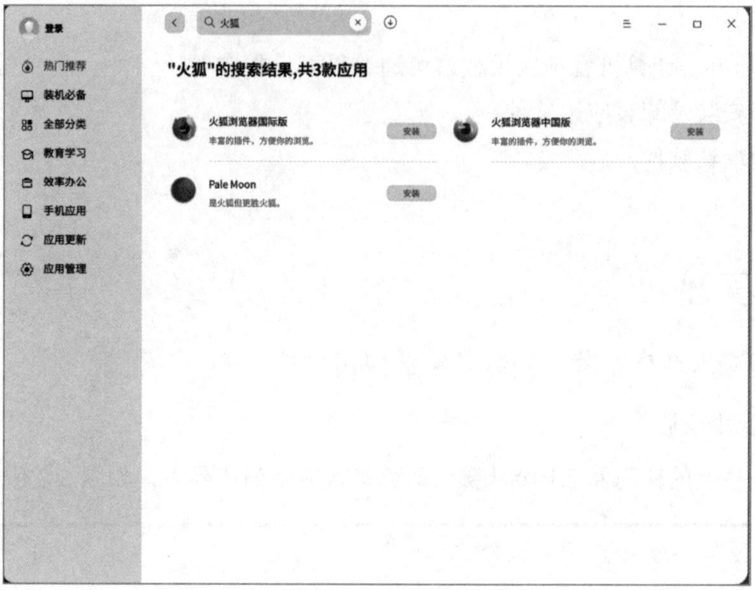

图 5-4　搜索应用软件

3）安装应用软件

应用商店提供一键式的应用软件下载和安装，无须手动处理。在下载和安装应用软件的过程中，可以进行暂停、删除等操作，还可以查看当前应用软件下载和安装的进度，具体操作步骤如下。

（1）在应用商店界面，鼠标指针悬停在应用软件的图标或名称上，单击【安装】按钮，即可开始下载和安装该应用软件，如图 5-5 所示。

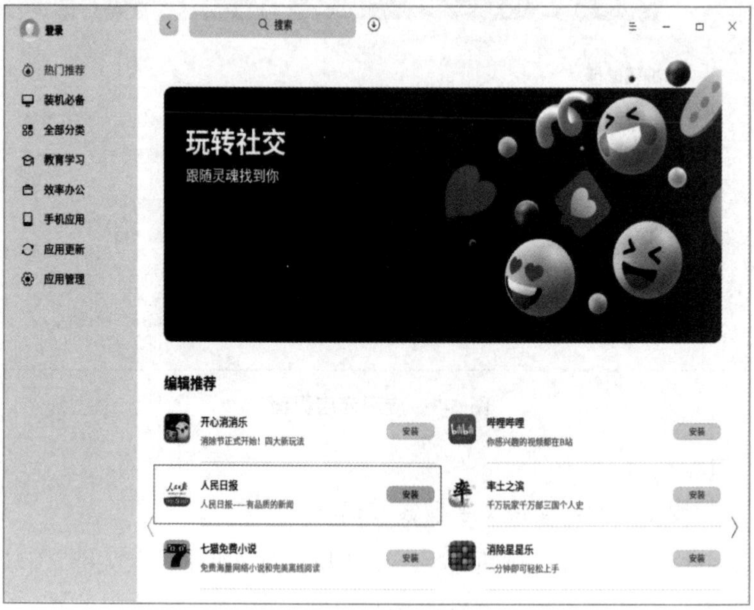

图 5-5　安装应用软件

提示　如果想要详细了解应用软件，可单击应用软件的图标或名称进入应用软件详情页面，查看应用软件的基本信息，然后再进行安装，如图 5-6 所示。

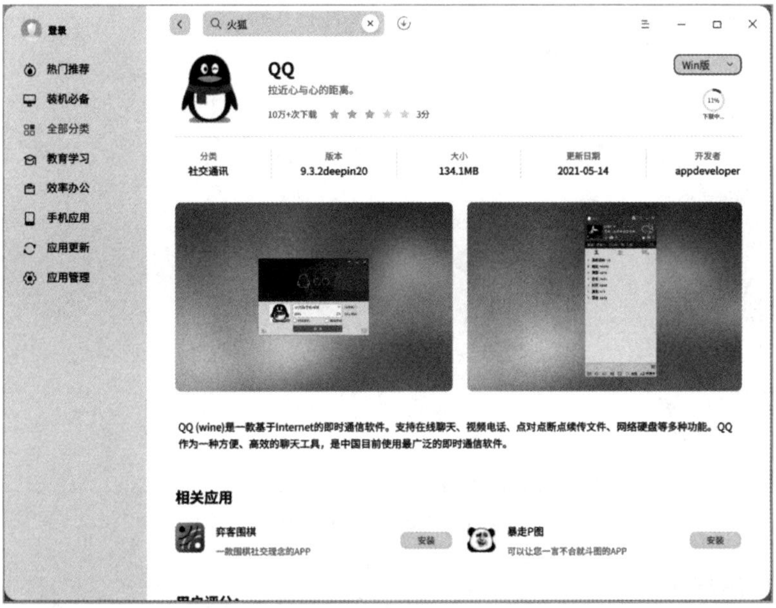

图 5-6　应用软件详情页面

（2）单击搜索框后的【下载管理】按钮，可以查看应用软件的安装进度，如图 5-7 所示。

图 5-7　下载管理界面

（3）安装完毕后，应用软件就显示在应用管理界面中，如图 5-8 所示。

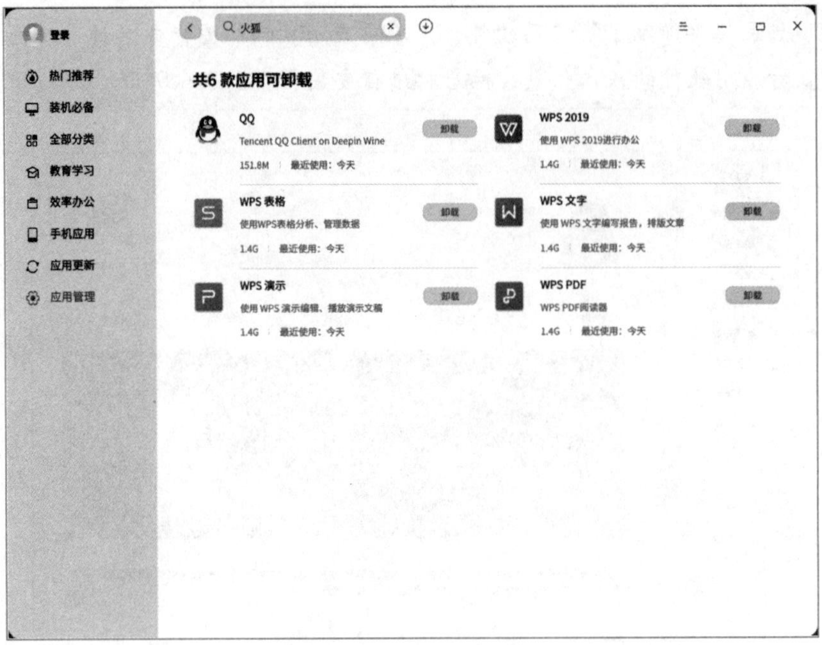

图 5-8　应用管理界面

4）卸载应用软件

对于不再使用的应用软件，可以选择将其卸载，以节省硬盘空间。

可以通过启动器卸载应用软件，具体步骤如下。

在启动器界面，右键单击要卸载的应用软件图标，在快捷菜单中选择【卸载】命令，即可完成应用软件的卸载，如图 5-9 所示。

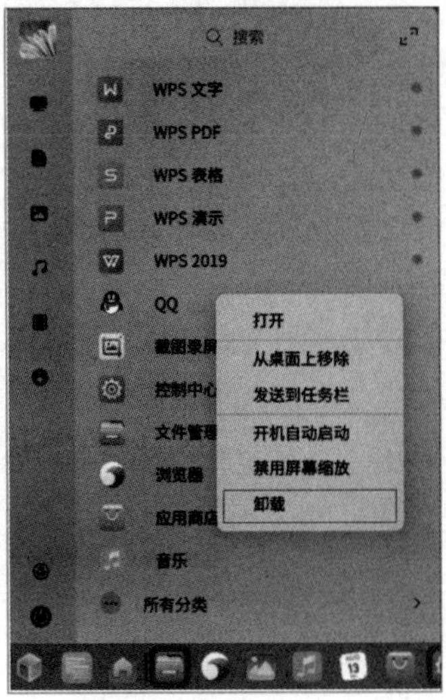

图 5-9　应用软件快捷菜单

提示　在任务栏【时尚模式】下，可以在启动器的全屏模式界面，按住鼠标左键不放，将应用软件图标拖曳到任务栏的回收站中卸载应用软件，如图 5-10 所示。

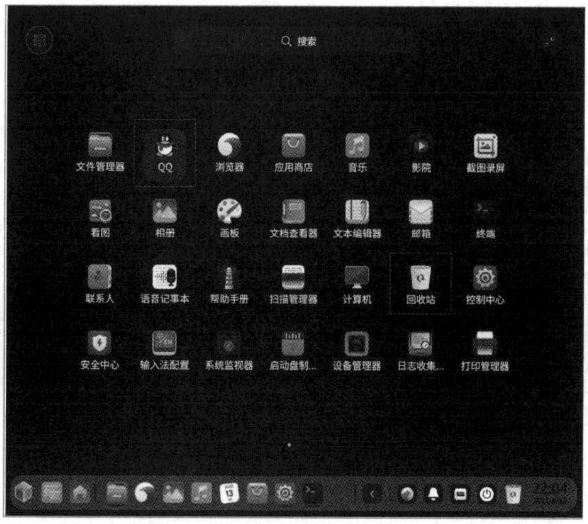

图 5-10　卸载应用软件

2. 管理默认程序

当安装有多个功能相似的应用软件时，可以通过右键快捷菜单或控制中心为某种类型的文件指定某个应用软件作为打开文件的默认程序。

1）更改默认程序

更改默认程序有两种方法，可以通过右键快捷菜单更改，也可以通过控制中心更改。下面以打开文本文件为例进行演示。

（1）通过右键菜单更改。

① 右键单击文本类型的文件，在弹出的快捷菜单中选择【打开方式】子菜单下的【选择默认程序】命令，如图 5-11 所示。

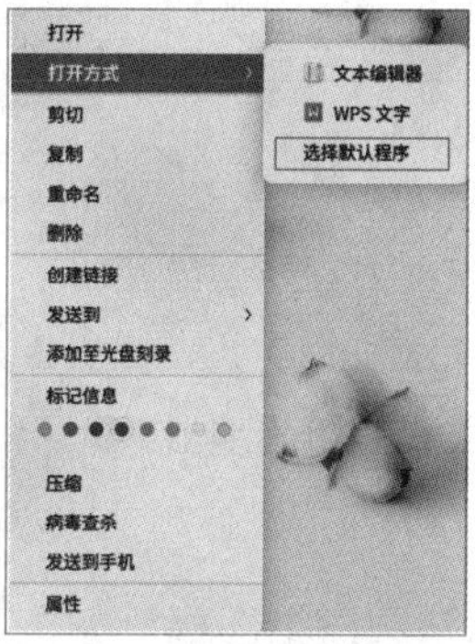

图 5-11　文本文件右键快捷菜单

② 打开打开方界面，选择【文档查看器】选项，系统默认勾选【设为默认】复选框，

单击【确定】按钮，即可设置该应用软件为文件的默认程序，如图 5-12 所示。

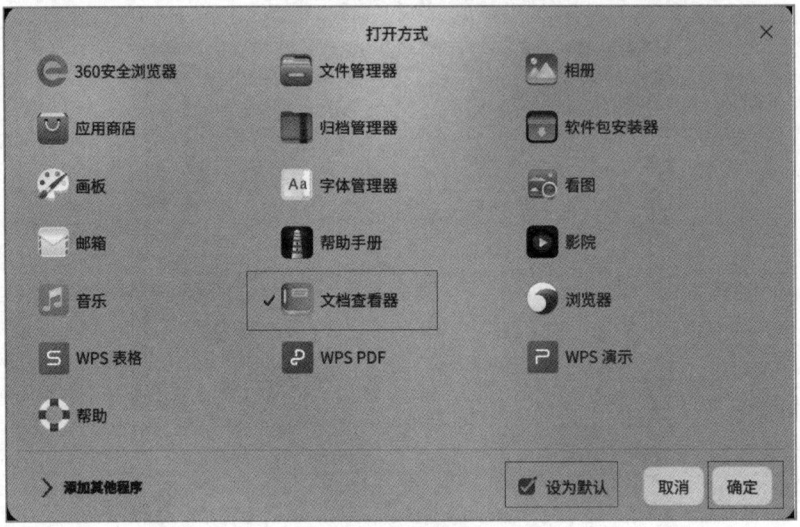

图 5-12　设置默认程序

③ 再次右键单击该文本文件，在快捷菜单中单击【打开方式】子菜单，可以看到文档查看器应用软件已经自动添加到默认程序列表，如图 5-13 所示。

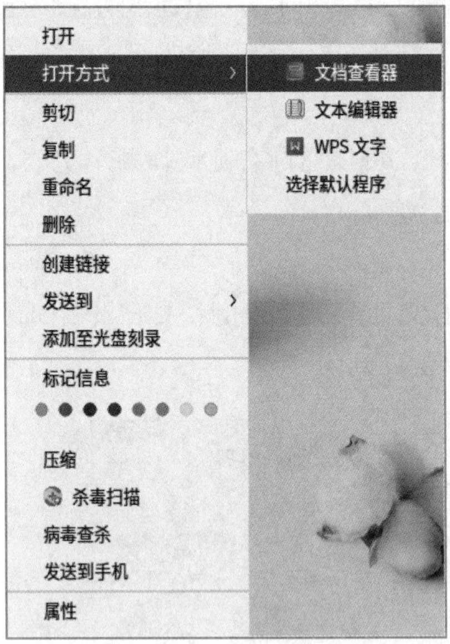

图 5-13　添加文档查看器到默认程序列表

（2）通过控制中心更改。

① 在控制中心首页，单击【默认程序】图标，如图 5-14 所示。

图 5-14　单击【默认程序】图标

② 在默认程序设置界面，选择某个文件类型进入默认程序列表。如选择【文本】选项，查看默认程序列表。在右侧的列表中，选择【WPS 文字】作为文本文件的默认打开程序，如图 5-15 所示。

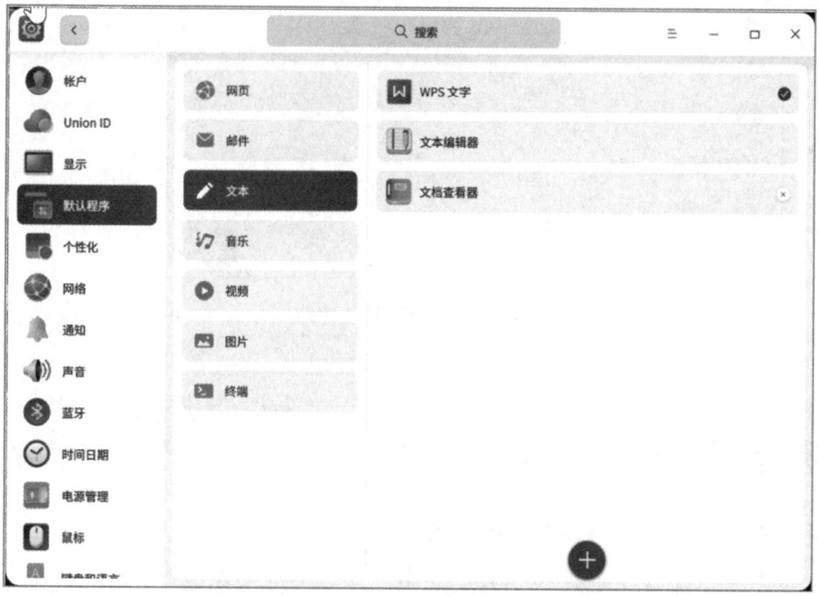

图 5-15　设置默认程序

2）添加默认程序

在控制中心默认程序列表中除了已有的默认程序，还可以添加新的应用软件作为默认程序，操作步骤如下。

（1）在控制中心默认程序设置模块，选择【文件】选项，进入默认程序列表。

（2）单击列表下的添加默认程序按钮 ，在弹出的文件管理器对话框中选择需要添加的新应用。该应用软件将被添加到默认程序列表，并被自动设置为默认程序。

3）删除默认程序

在默认程序列表中，只能删除已添加的应用软件，不能删除系统已经安装的应用软件。如果要删除系统已经安装的应用软件，只能卸载该应用软件。卸载后该应用软件将自动从默认程序列表中删除。

删除默认程序的操作步骤如下。

（1）在控制中心默认程序设置模块，选择【文件】选项，进入默认程序列表。

（2）单击关闭按钮 ，如图 5-16 所示，该默认程序即被删除。

图 5-16　删除默认程序

任务验证

1. 查看办公电脑已经安装的应用软件

登录账户后，通过启动器查看已安装的应用软件，结果如图 5-17 所示。

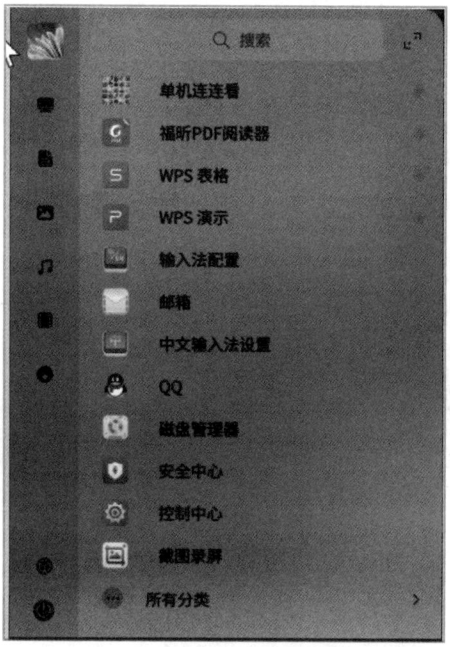

图 5-17　启动器已安装应用软件界面

2. 查看已经设置好的默认程序

鼠标右键单击任意文本类型的文件，在快捷菜单中选择【打开方式】子菜单下的【选择默认程序】命令，查看默认程序，如图 5-18 所示。

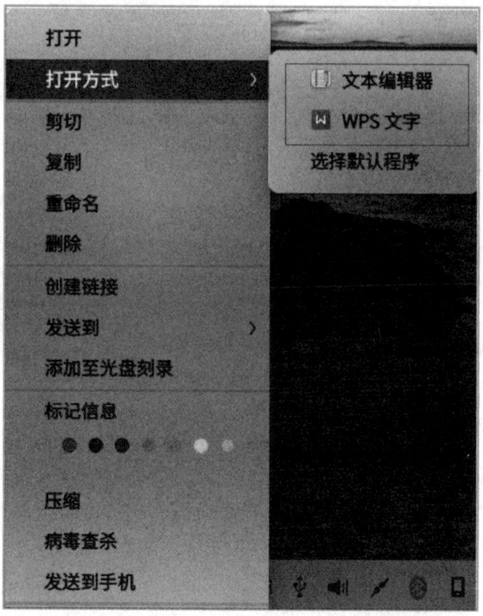

图 5-18　文档【打开方式】子菜单

任务 5-2 输入法设置

任务规划

虽然 UOS 内置的输入法可以满足部分员工的办公需要，但是一部分员工希望输入法可以更符合自己的习惯，这时就可以通过安装第三方输入法来满足员工对输入法的要求。

要完成 UOS 输入法管理，可通过以下步骤实现。

（1）安装输入法；

（2）设置输入法。

输入法设置

任务实施

1. 安装输入法

（1）在任务栏单击【应用商店】图标，打开应用商店界面。在搜索栏输入要安装的输入法名称，如搜狗输入法，如图 5-19 所示。

图 5-19 应用商店搜索界面

（2）选择搜狗输入法 UOS 版，单击图标右侧的【安装】按钮，进行输入法的下载与安装。此时，用户可以在下载管理界面查看应用软件的安装进度，如图 5-20 所示，安装完毕之后，即可进行输入法的设置。

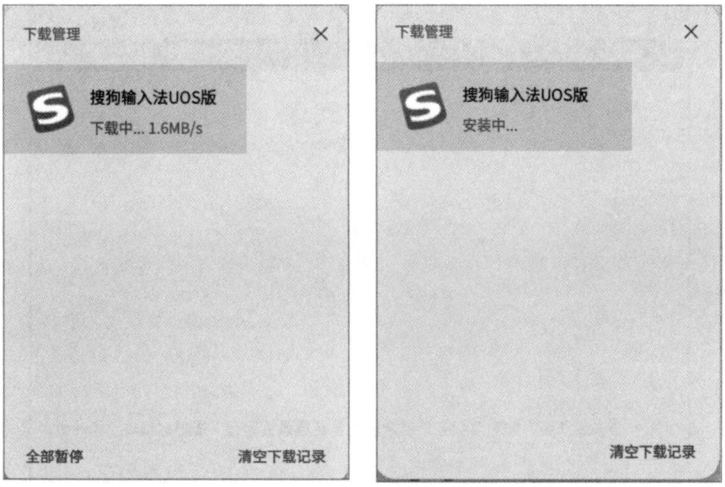

图 5-20　输入法的下载与安装

2. 设置输入法

输入法配置是 UOS 预装的应用程序，用以对操作系统中已经安装的输入法进行设置，包括设置快捷键、外观等，新安装的输入法也会同步显示到该应用的输入法列表中。

输入法配置应用程序可通过以下两种方式打开。

（1）方法一。

①单击屏幕左下角的启动器图标，进入启动器界面，如图 5-21 所示。

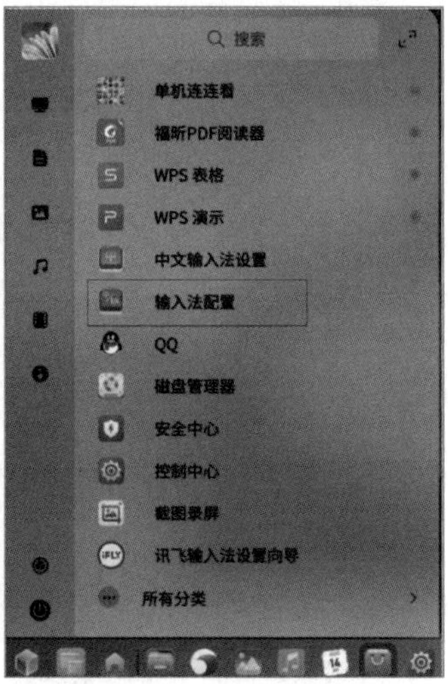

图 5-21　启动器界面

②选择【输入法配置】选项，单击打开，输入法配置界面如图 5-22 所示。

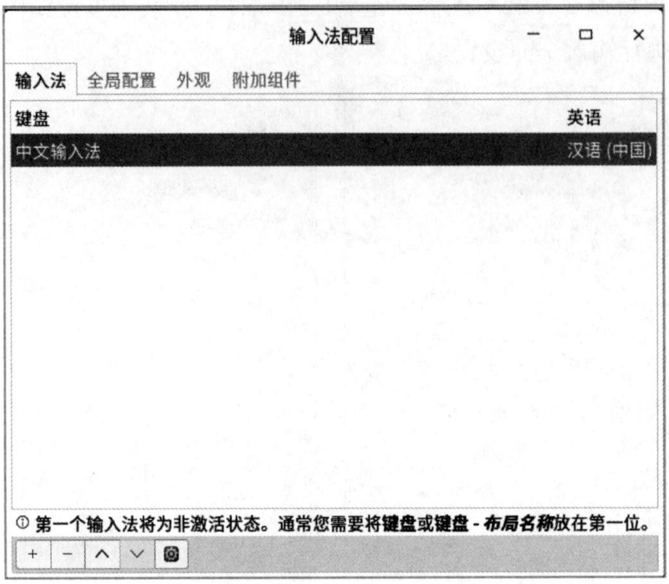

图 5-22　输入法配置界面

（2）方法二。

在任务栏上右键单击输入法图标，在快捷菜单中选择【配置】命令，如图 5-23 所示，打开输入法配置界面，如图 5-22 所示。

在输入法配置界面，可以添加、删除、调整输入法的上下顺序，操作方法如下。

① 在输入法配置界面选中一个不再使用的输入法，单击删除【—】按钮，即可删除该输入法，在切换输入法时被删除的输入法将不会出现。如图 5-24 所示，选中【搜狗输入法 UOS 版】，单击【—】按钮，搜狗输入法 UOS 版即被删除，删除后的输入法配置界面如图 5-25 所示。

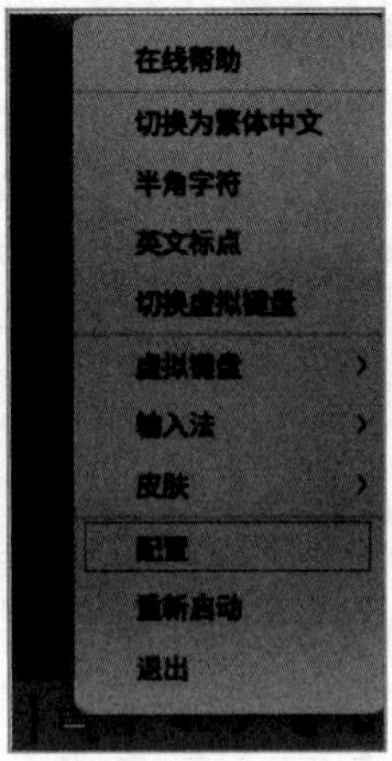

图 5-23　输入法右键快捷菜单

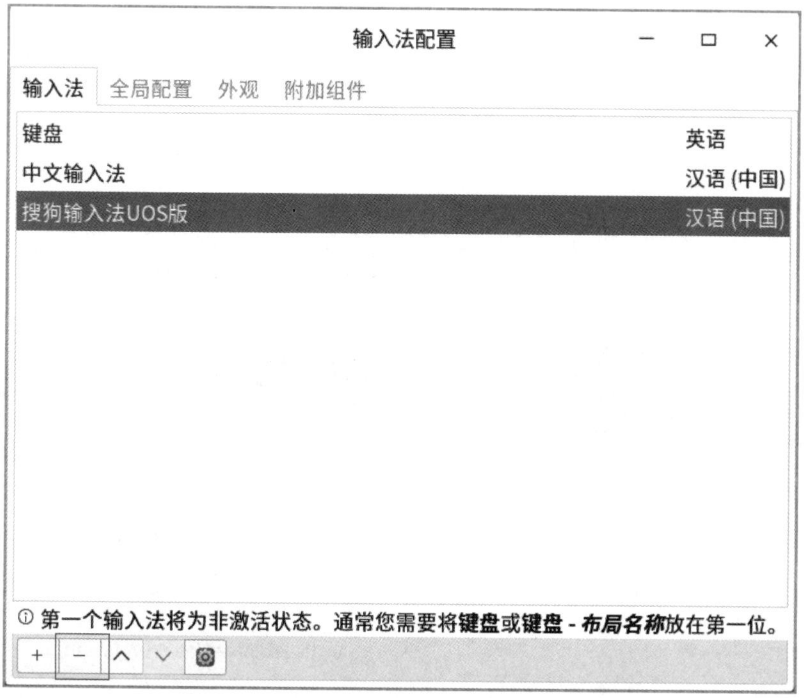

图 5-24　删除输入法界面

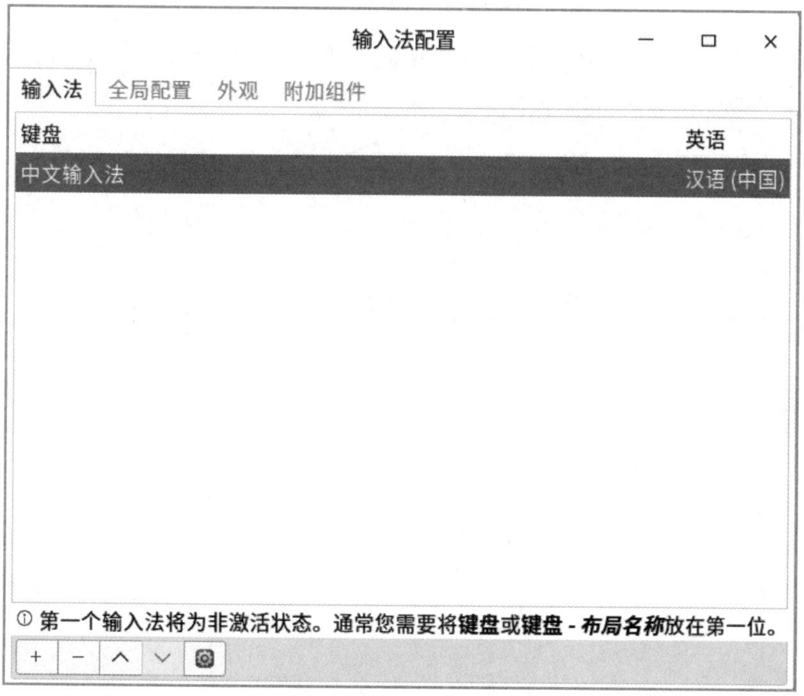

图 5-25　输入法删除后的界面

② 如果后续还想使用已经删除的输入法，可以单击添加【+】按钮，在弹出的【添加输入法】对话框中选中需要的输入法，再单击【确认（O）】按钮，即可将输入法添加到

输入法配置界面，重新启用该输入法，如图 5-26 所示。

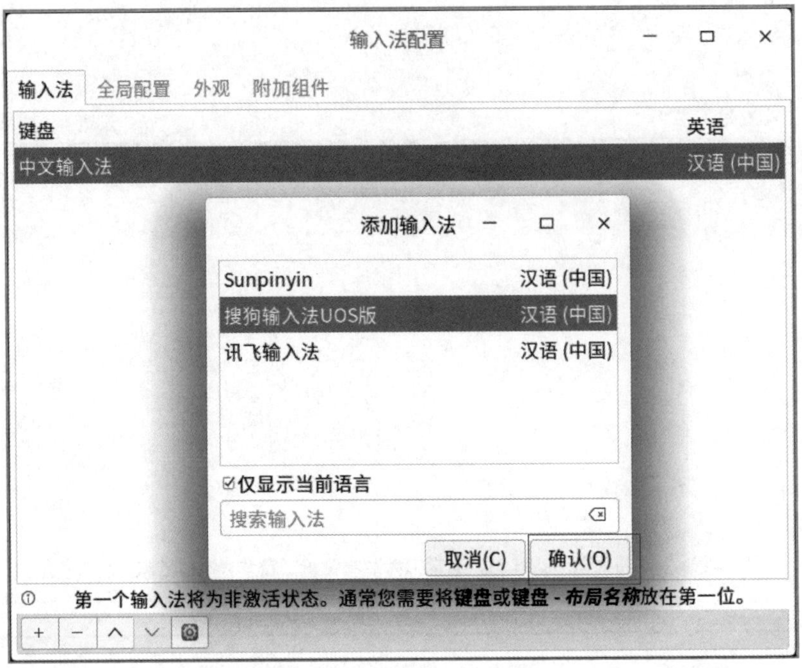

图 5-26　添加输入法

③ 在输入法配置界面选中输入法，单击向上【↑】按钮或向下【↓】按钮，即可调整该输入法在列表中的顺序，如图 5-27 所示。

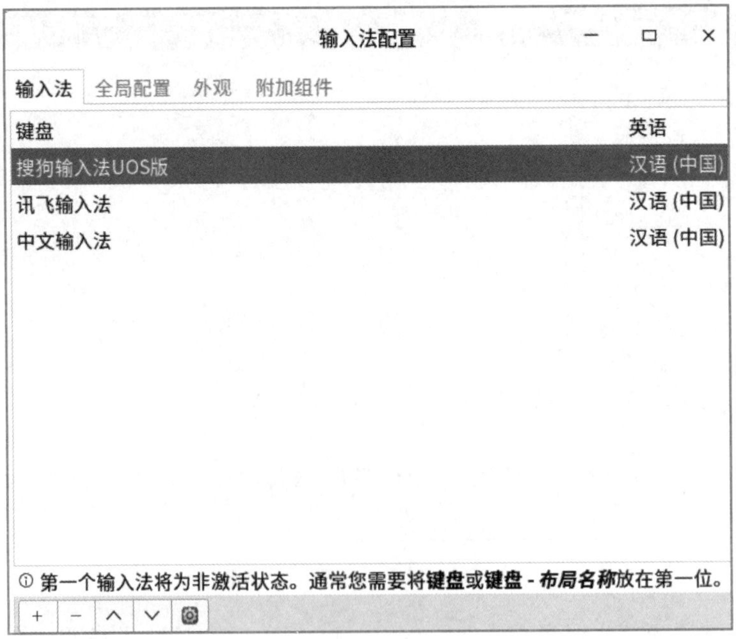

图 5-27　调整输入法的顺序

④ 选中想要设置的输入法，单击设置图标，可根据操作习惯对输入法进行个性化设置。以 Sunpinyin 输入法为例，个性化设置如图 5-28 所示。

图 5-28　输入法个性化设置

⑤ 在输入法配置界面，打开【全局配置】选项卡，可根据操作习惯设置输入快捷键、程序及输出的相关选项，如图 5-29 所示。

图 5-29 【全局配置】选项卡

⑥ 在输入法配置界面，打开【外观】选项卡，可设置字体大小、字体及皮肤等，如图 5-30 所示。

图 5-30 【外观】选项卡

⑦ 在输入法配置界面，打开【附加组件】选项卡，可根据个人习惯配置拼写、输入法选择器、快速输入及剪贴板等组件。选择想要添加的组件后，单击【配置】按钮，即可进行设置，如图 5-31 所示。

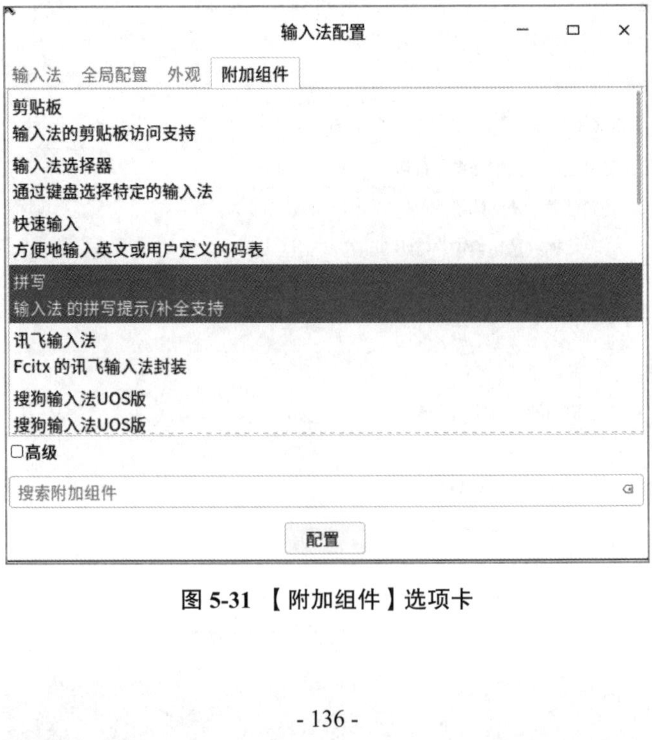

图 5-31 【附加组件】选项卡

任务验证

在 Jan16 公司的办公电脑上查看系统预装和自己安装的输入法都有哪些，配置是否正确，结果如图 5-32 所示。

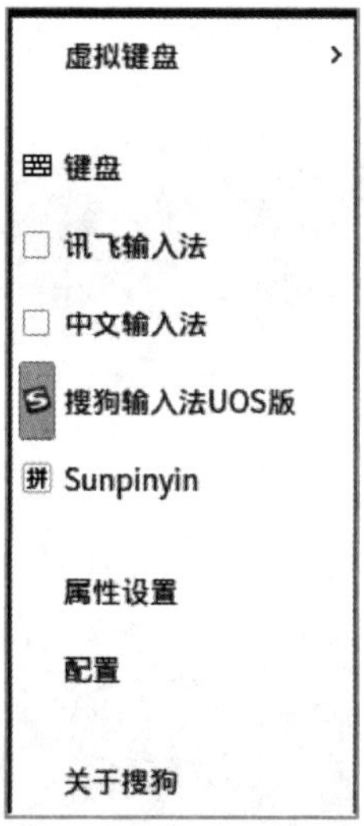

图 5-32　输入法配置结果

任务 5-3　邮箱应用

任务规划

收发邮件是日常办公必不可少的一部分，UOS 预装的邮件客户端是一款易于使用的桌面电子邮件客户端，可以同时管理多个邮箱账号。

Jan16 公司办公电脑邮箱的设置和使用可通过以下步骤实现。

（1）登录邮箱；

（2）邮箱设置；

（3）收发邮件。

邮箱应用

任务实施

1. 登录邮箱

1）运行邮箱

（1）单击任务栏上的启动器图标，进入启动器界面，如图 5-33 所示。

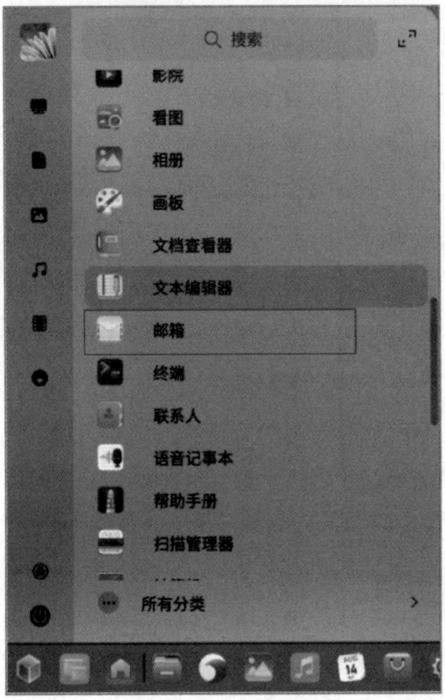

图 5-33　启动器界面

（2）上下滚动鼠标滚轮浏览或通过搜索找到邮箱图标，单击该图标打开邮箱，进入添加邮箱账号界面，如图 5-34 所示。

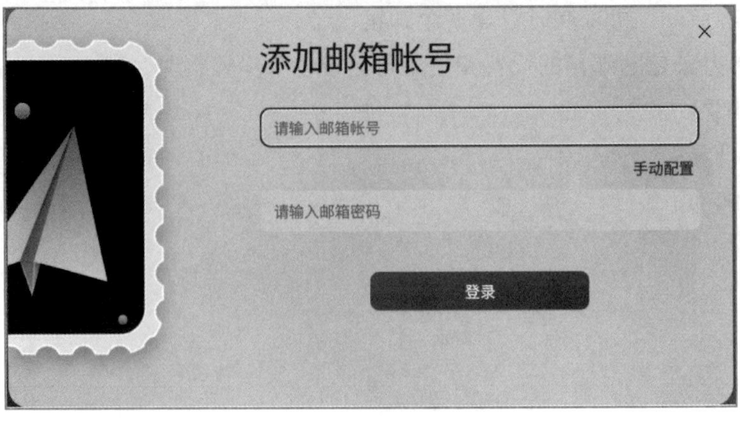

图 5-34　添加邮箱账号界面

（3）右键单击邮箱图标，弹出如图 5-35 所示的快捷菜单。

● 单击【发送到桌面】命令，将在桌面创建邮箱快捷方式。

● 单击【发送到任务栏】命令，将邮箱应用程序固定到任务栏。

● 单击【开机自动启动】命令，将邮箱应用程序添加到开机启动项，在计算机开机时自动运行该应用程序。

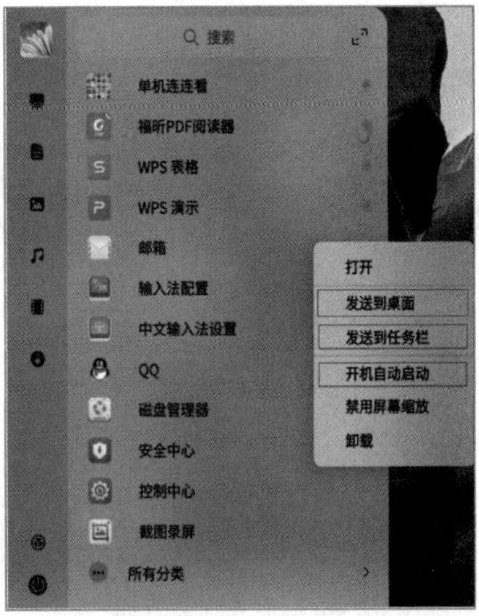

图 5-35　邮箱右键快捷菜单

2）登录邮箱

（1）打开邮箱，在邮箱登录界面输入邮箱账号、密码或授权码后，单击【登录】按钮。

（2）程序会自动检测输入的邮箱域名是否在服务器数据库中，如果邮箱域名在服务器数据库中，则可直接登录，如图 5-36 所示；如果邮箱域名不在服务器数据库中，则需单击【手动配置】按钮，进行手动添加，手动配置界面如图 5-37 所示。

图 5-36　直接登录邮箱账号

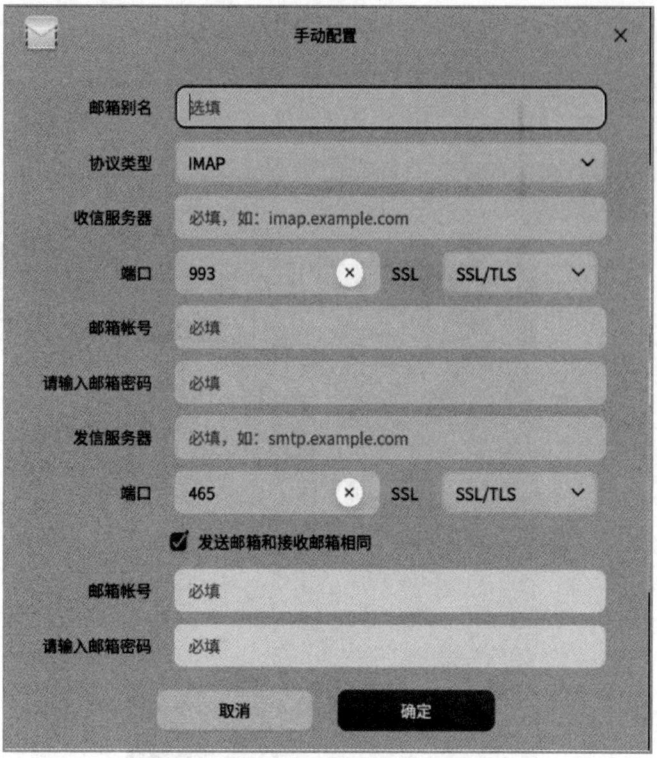

图 5-37　手动配置界面

说明：QQ 邮箱、网易邮箱（163.com 和 126.com）、新浪邮箱等需要在设置中开启 POP3/IMAP/exchange 等服务后才可以使用。开启服务后，服务端会产生授权码。在登录界面输入邮箱账户和授权码即可登录邮箱。如果未开启相关服务，则会提示登录失败，单击【查看帮助】按钮则可查看帮助信息。

2. 邮箱设置

在邮件设置界面，可进行账号设置、基本设置、反垃圾设置及高级设置。

① 账号设置：在账号设置界面可以设置邮箱账号、邮箱信息，还可以为账号添加签名，如图 5-38 所示。

② 基本设置：在基本设置界面可以设置邮箱中常用的快捷键，以及一些常规设置，如图 5-39 所示。

③ 反垃圾设置：在反垃圾设置界面可以设置黑白名单，黑名单列表中的邮件都会被拒绝，白名单列表中的邮件都会被接收，如图 5-40 所示。

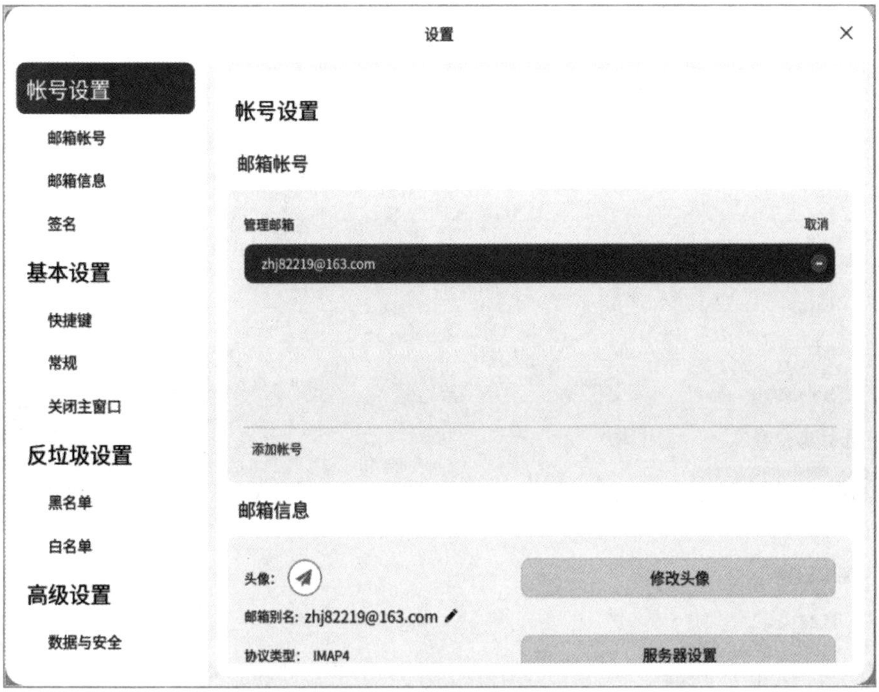

图 5-38　账号设置界面

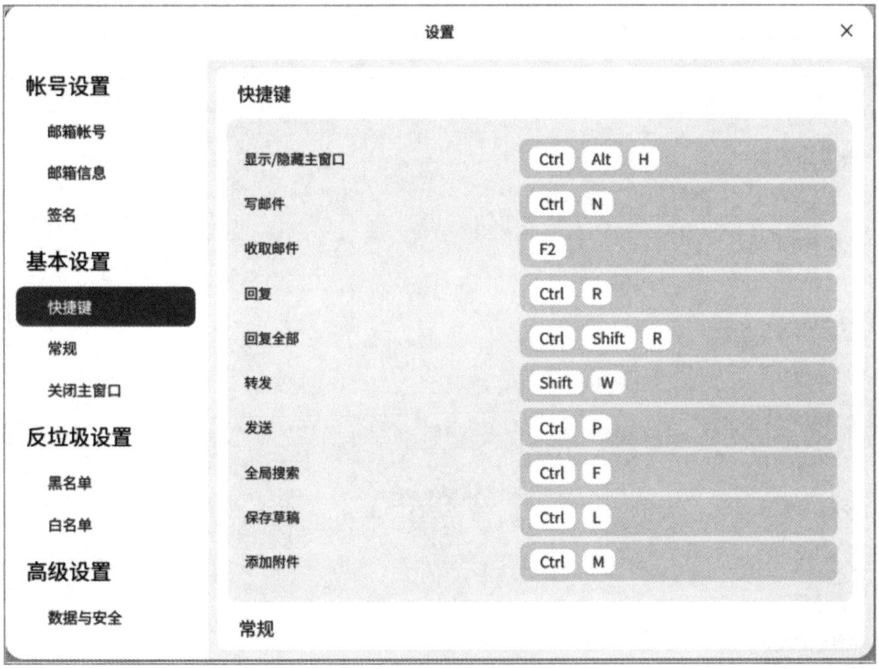

图 5-39　基本设置界面

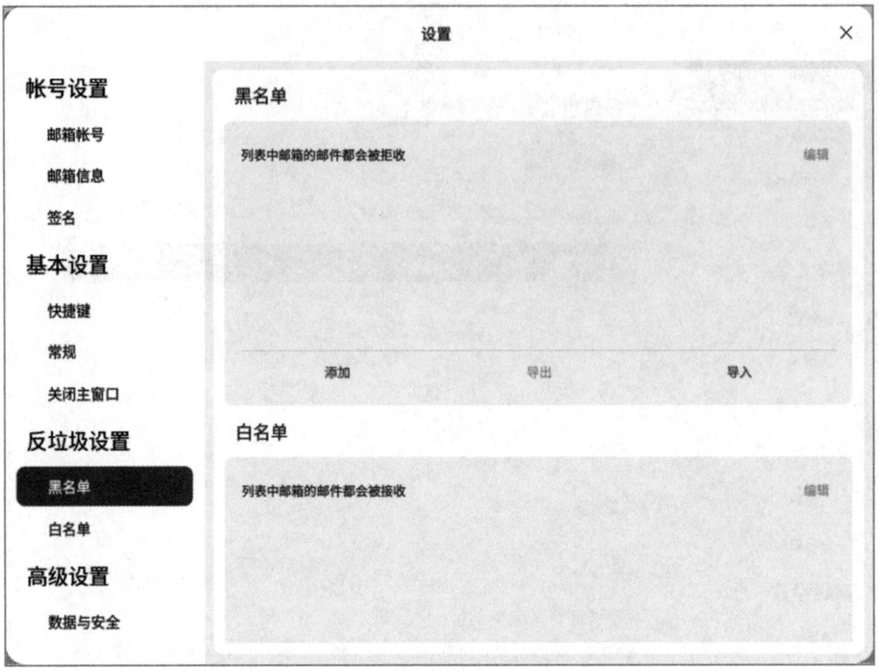

图 5-40　反垃圾设置界面

④ 高级设置：在高级设置界面可以开启安全锁，并设置开启密码，如图 5-41 所示。默认鼠标和键盘超过 15 分钟未操作，邮箱将自动锁定，再次使用时需要输入开启密码。

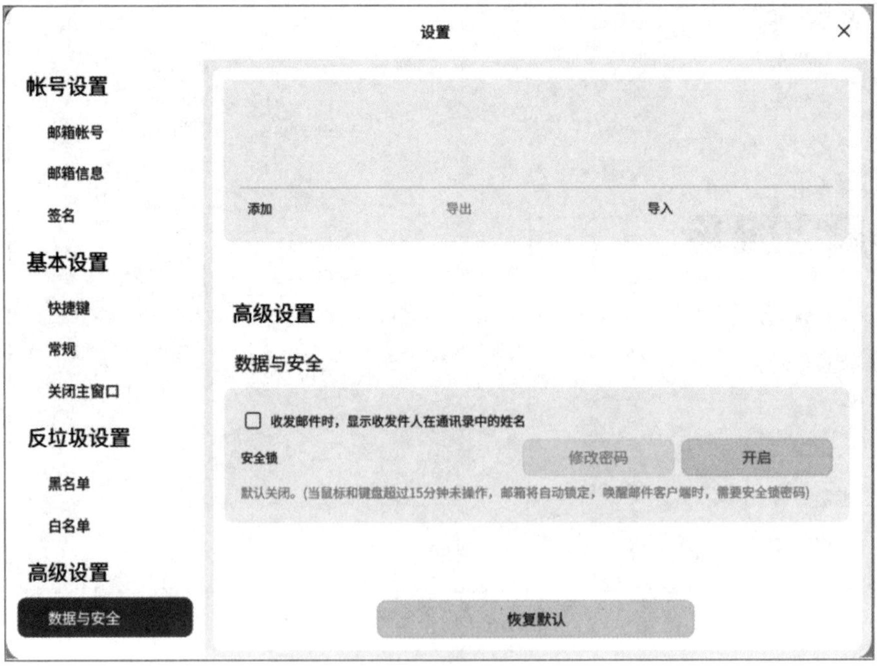

图 5-41　高级设置界面

3. 收发邮件

邮箱最基本的功能就是收发邮件，下面将演示如何在邮件客户端收发邮件。

1）收邮件

（1）在邮箱主界面，单击刷新按钮，即可从服务器同步邮箱数据，包括邮件、地址簿、日历等，系统默认每 15 分钟同步 1 次邮箱数据。

（2）如果只想接受某个账号的邮件，则需在邮箱主界面左侧选中对应的账号后，单击鼠标右键，在快捷菜单中选择【收取邮件】命令，如图 5-42 所示。

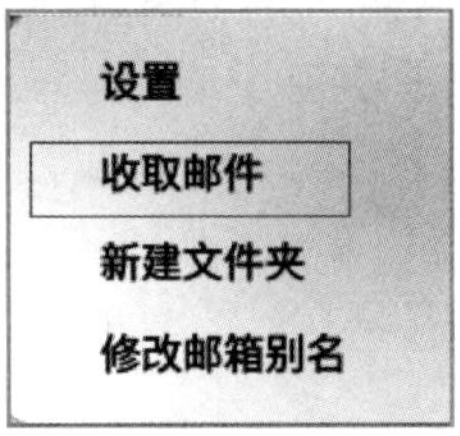

图 5-42　邮箱账号快捷菜单

2）发邮件

（1）在邮箱主界面，单击写邮件按钮，进入写邮件界面，如图 5-43 所示。

（2）在【收件人】后的文本框中，输入收件人邮箱账号，或单击按钮从通信录添加收件人，还可以选择抄送或密送对象。

（3）邮件正文支持文本编辑，包括插入图片、链接等功能，还支持签名功能。

（4）编辑完成后，单击【发送】按钮即可发送邮件。

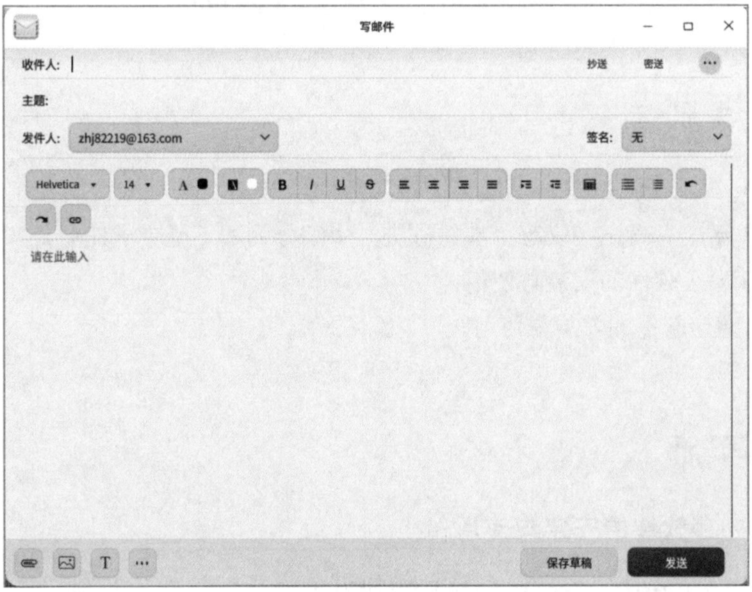

图 5-43　写邮件界面

任务验证

使用邮箱客户端发送一封邮件给朋友以验证邮箱设置是否正确，如图 5-44 所示。

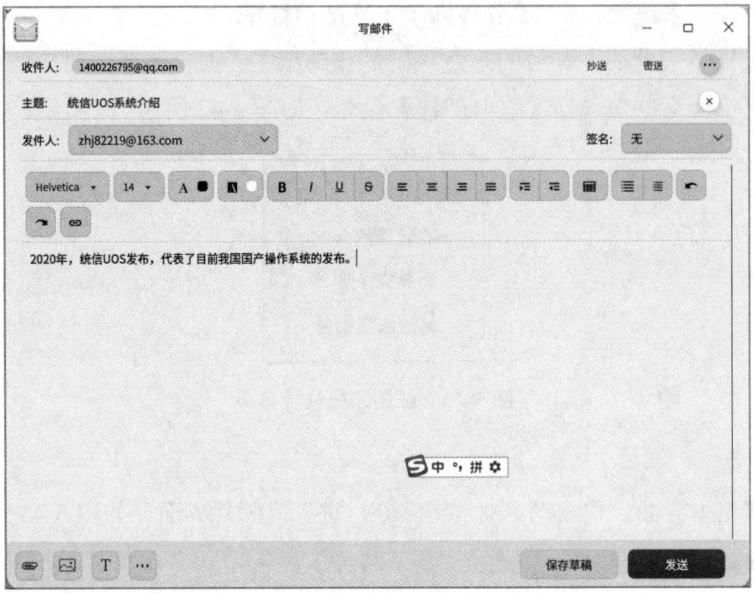

图 5-44　发送邮件界面

任务 5-4　办公应用

任务规划

Jan16 公司员工在使用 UOS 的过程中需要应用一些办公软件来协助工作。常用的办公软件有 WPS、微信、腾讯会议等。本任务进一步细分为如下两个子任务。

（1）WPS 办公软件的安装与使用；

（2）微信通信软件的安装与使用。

办公应用

任务实施

1. WPS 办公软件的安装与使用

WPS 是由金山软件股份有限公司自主研发的一款办公软件套装，包含 WPS 文字、WPS 表格、WPS 演示 3 个功能软件，可以实现文字处理、表格制作、幻灯片制作等功能。

1）通过软件包安装器安装

（1）在 WPS 官网下载对应的安装包进行安装，如图 5-45 所示，这里以 wps-office_11.1.0.10702_amd64.deb 安装包为例。

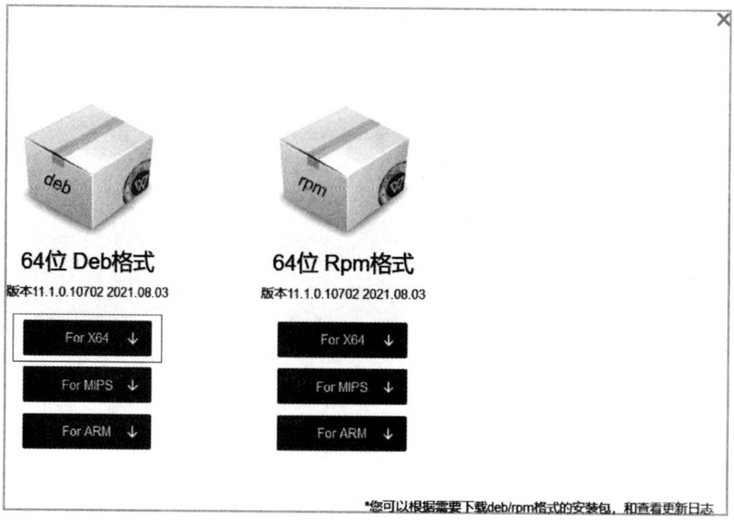

图 5-45　WPS 安装包下载界面

（2）单击启动器按钮，进入启动器界面，上下滚动鼠标滚轮浏览或者通过搜索，找到软件包安装器图标，单击即可打开，如图 5-46 所示为打开的软件包安装器界面。

图 5-46　软件包安装器界面

（3）将下载好的 WPS 安装包拖曳到软件包安装器界面，单击【安装】按钮，即可进行安装，如图 5-47 所示。

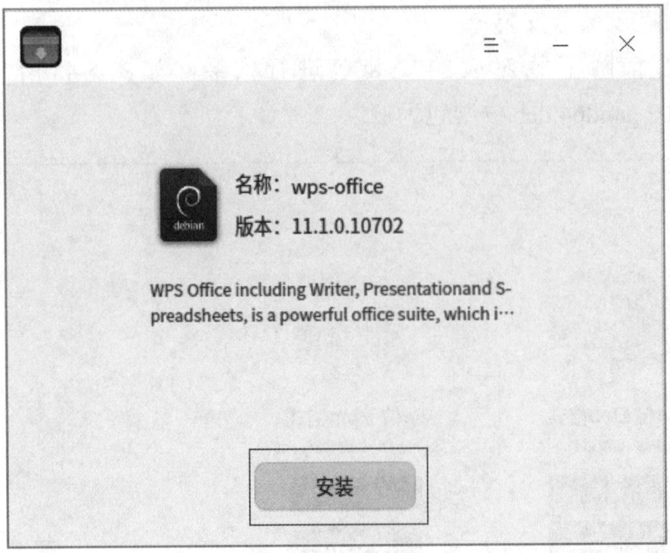

图 5-47　通过软件包安装器安装 WPS

2）通过命令行窗口安装

（1）打开 WPS 安装包所在的文件夹，在空白处单击鼠标右键，在快捷菜单中选择【在终端中打开】命令，即可打开命令行窗口。

（2）在命令行窗口输入安装命令 sudo dpkg -i wps-office_11.1.0.10702_amd64.deb，按【Enter】键后，输入登录密码，即可进行安装，如图 5-48 所示。

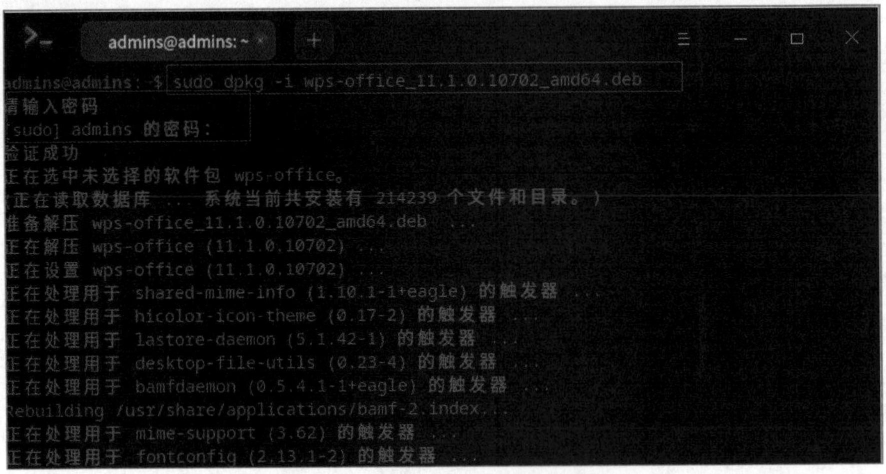

图 5-48　通过命令行窗口安装 WPS

3）通过应用商店安装

（1）单击屏幕左下角的启动器按钮，打开启动器界面，上下滚动鼠标滚轮浏览或者通过搜索，找到应用商店图标，单击该图标即可打开应用商店界面，如图 5-49 所示。

图 5-49　应用商店界面

注意：如果应用商店已经默认固定在任务栏上，用户就可以通过单击任务栏上的应用商店图标来运行。

（2）在应用商店界面左侧的分类栏找到【教育学习】选项，单击该选项即可跳转到【教学办公】界面，如图 5-50 所示，或者通过应用商店的搜索功能找到【WPS Office 2019 For Linux】安装包，单击【安装】按钮，即可开始下载并安装，如图 5-51 所示。

图 5-50　【教学办公】界面

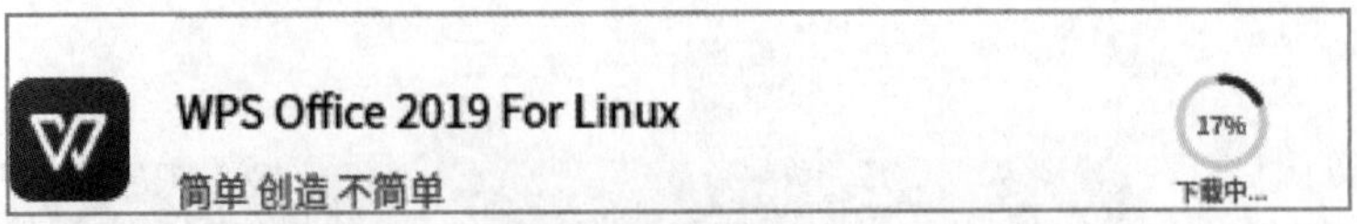

图 5-51　下载并安装 WPS

WPS 安装完成后，可以在启动器中找到【WPS 文字】、【WPS 表格】及【WPS 演示】，单击即可启动并使用；或在桌面空白处单击鼠标右键，在弹出的快捷菜单的【新建文档】子菜单中根据情况选择与需要新建的文档相对应的命令（办公文档、电子表格、演示文档或文本文档），如图 5-52 所示。

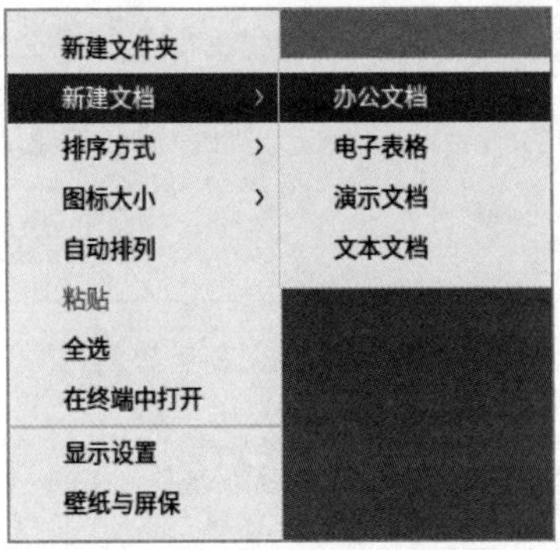

图 5-52　新建文档

4）WPS 的使用

WPS 中常用的功能在 UOS 中均可以使用，包括新建、打开、保存、另存为及打印等，其使用方法与在 Windows 操作系统中的使用方法类似，如图 5-53 所示为新建的 WPS 文档界面。

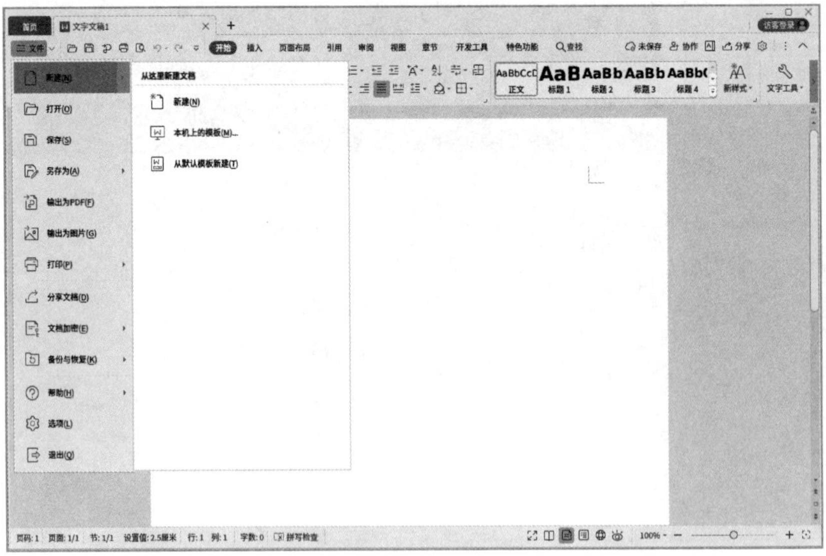

图 5-53　WPS 文档界面

2. 微信通信软件的安装与使用

微信是由腾讯自主研发的一个为智能终端提供即时通信服务的应用程序，可以实现跨通信运营商、跨操作系统平台，通过网络快速发送免费（需消耗少量网络流量）语音、视频、图片和文字等信息。

1）通过应用商店安装微信

（1）打开应用商店，其界面如图 5-54 所示。

图 5-54　应用商店界面

（2）在应用商店左侧的分类栏中找到【效率办公】选项，单击该选项跳转到【办公必备】界面，或者通过应用商店的搜索功能找到【微信】安装包，单击【安装】按钮，即可下载并安装，如图 5-55 所示。

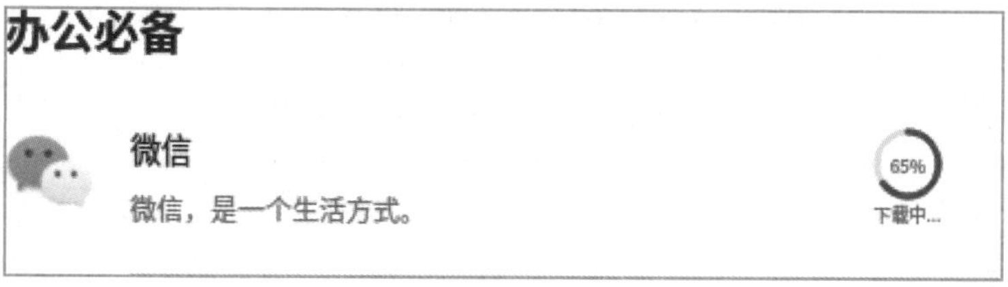

图 5-55　下载并安装微信

2）微信的使用

微信中常用的功能在 UOS 中均可以使用，包括聊天、文件传输等，其使用方法与在 Windows 操作系统中的使用方法类似，如图 5-56 所示为打开的微信文件传输助手界面。

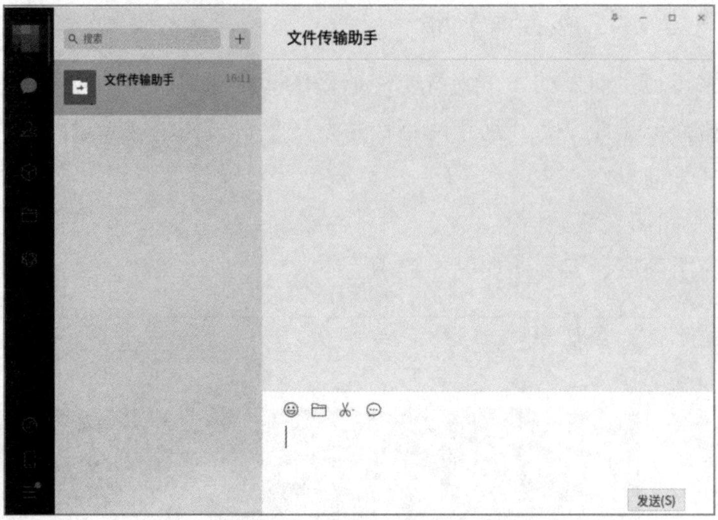

图 5-56　微信文件传输助手界面

任务验证

为了验证安装的 WPS 和微信是否可以正常使用，进行以下操作。

（1）打开 WPS，新建一个文档，写入内容并保存，测试 WPS 能否正常使用，如图 5-57 所示。

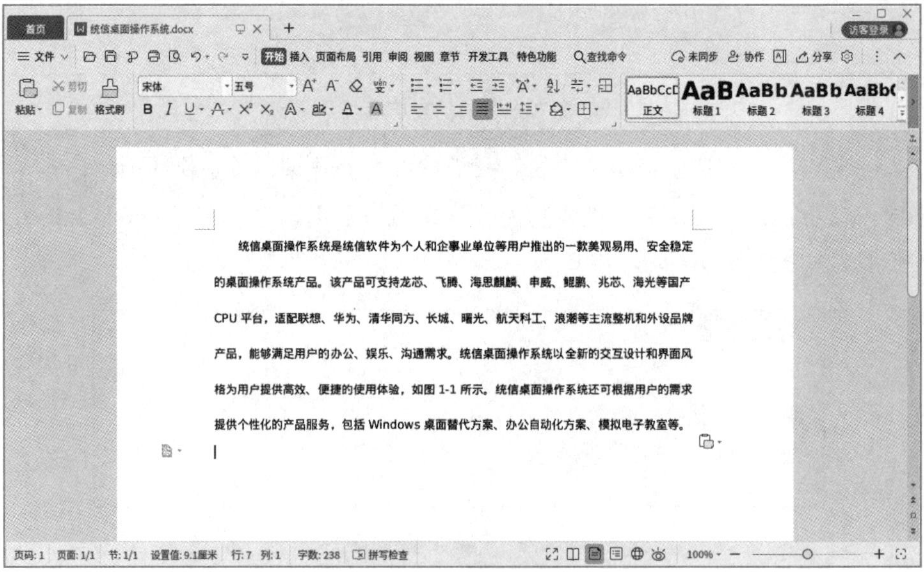

图 5-57　新建文档

（2）打开微信，通过微信文件传输助手发送文件，测试微信能否正常使用，如图 5-58 所示。

图 5-58　发送文件

任务 5-5　多媒体应用

任务规划

Jan16 公司员工在日常工作中需要使用一些多媒体应用软件来更好地处理相关事务。截图软件是常用的多媒体应用软件之一。UOS 内置的截图录屏工具就可以满足员工的日常办公需要。此任务将介绍截图软件的使用。

多媒体应用

任务实施

截图录屏软件是一款集截图和录制屏幕于一体的工具。在截图或者录制屏幕时，既可以自动选定窗口，也可手动选择区域。在截图模式下，用户可以通过快捷键进行相关操作，按下【Ctrl】+【Shift】+【？】组合键打开快捷键预览界面，在该界面可以查看所有的快捷键，如图 5-59 所示。

1）新建截图

（1）单击桌面左下角的启动器图标，打开启动器界面。

（2）上下滚动鼠标滚轮浏览或通过搜索找到【截图录屏】图标，单击运行。

> 注意：如果截图录屏软件已经固定在任务栏上，用户则可以通过单击任务栏上的截图录屏图标来运行该软件。

启动/截图
快速启动截图 Ctrl+Alt+A
光标所在窗口截图 Alt+PrintScreen
延时5秒截屏 Ctrl+PrintScreen
截取全屏 PrintScreen
复制到剪贴板 Ctrl+C
退出/保存
退出 Esc
保存 Ctrl+S
绘图
矩形 R
椭圆 O
直线 L
画笔 P
文字 T
删除选中图形 Delete
撤销 Ctrl+Z
调整区域
向上扩大选区高度 Ctrl+Up
向下扩大选区高度 Ctrl+Down
向左扩大选区宽度 Ctrl+Left
向右扩大选区宽度 Ctrl+Right
向上缩小选区高度 Ctrl+Shift+Up
向下缩小选区高度 Ctrl+Shift+Down
向左缩小选区宽度 Ctrl+Shift+Left
向右缩小选区宽度 Ctrl+Shift+Right
设置
帮助 F1
显示快捷键 Ctrl+Shift+?

图 5-59　快捷键预览界面

2）选择截图区域

常用的截图区域有三种：全屏、程序窗口和自选区域。截图时选中对应的区域，在区域四周会出现白色边框，并且该区域会亮度显示。

> *注意：当计算机多屏显示时，用户也可以使用截图录屏软件来截取不同屏幕上的区域。*

选择全屏是识别当前显示器的整个屏幕，其操作步骤如下：

（1）按下【Ctrl】+【Alt】+【A】组合键，进入截图模式。

（2）将鼠标指针移至桌面上，系统会自动选中整个屏幕，并在其左上角显示当前截图区域的尺寸大小。

（3）单击桌面，弹出工具栏，如图 5-60 所示。

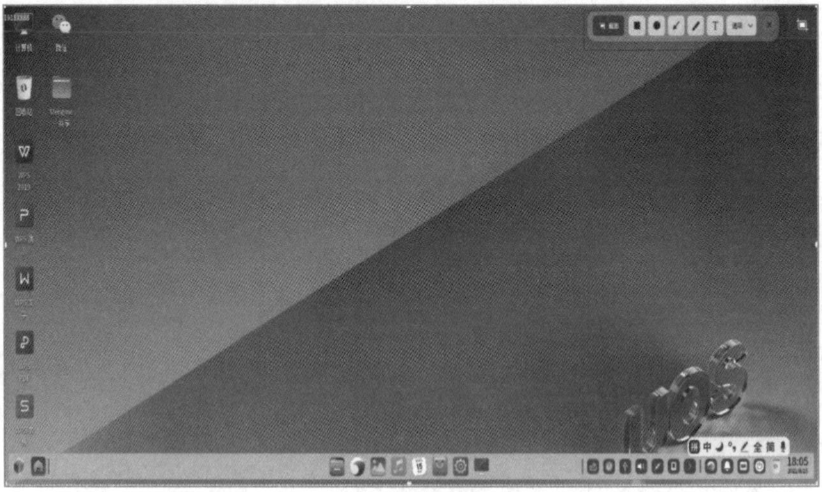

图 5-60　全屏截图工具

（4）如果要退出截图，单击工具栏上的 × 图标或在右键快捷菜单中选择【退出】命令。

> 说明：用户也可以按照以下步骤来进行全屏截图。
>
> ① 如果将录屏截图软件已经固定在任务栏上，则可以右击任务栏上的图标，然后选择【截取全屏】命令。
>
> ② 按键盘上的【PrtScr】键 PrtSc SysRq，即可全屏截图。

选择程序窗口能自动识别当前的应用窗口，其操作步骤如下：

（1）按下【Ctrl】+【Alt】+【A】组合键，进入截图模式。

（2）将鼠标指针移至打开的应用窗口上，系统会自动选中该窗口，并在其左上角显示当前截图区域的尺寸大小。

（3）单击程序窗口，弹出工具栏，如图 5-61 所示。

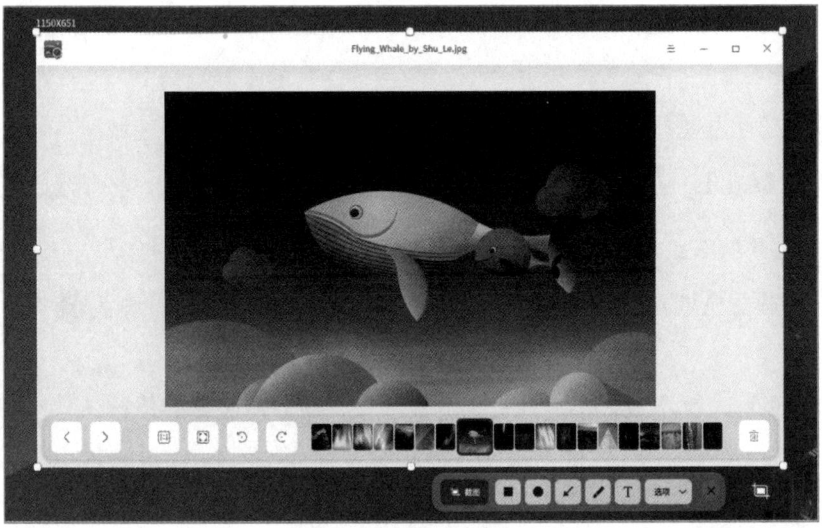

图 5-61　截取程序窗口

（4）如果要退出截图，单击工具栏上的 × 图标即可。

选择自选区域是通过拖动鼠标，自由选择截取的范围，其操作步骤如下：

（1）按下【Ctrl】+【Alt】+【A】组合键，进入截图模式。

（2）按住鼠标左键不放，拖动鼠标选择截图区域，在其左上角将实时显示当前截图区域的尺寸大小。

（3）释放鼠标左键，完成截图，截图区域附近会弹出工具栏，如图 5-62 所示。

（4）如果要退出截图，单击工具栏上的 × 图标即可。

3）调整截图区域

用户可以对截图区域进行微调，如放大或缩小截取范围、移动截图等。

若要放大 / 缩小截图区域，则将鼠标指针置于截图区域的白色边框上，鼠标指针变为↔时，用户可以进行以下操作：

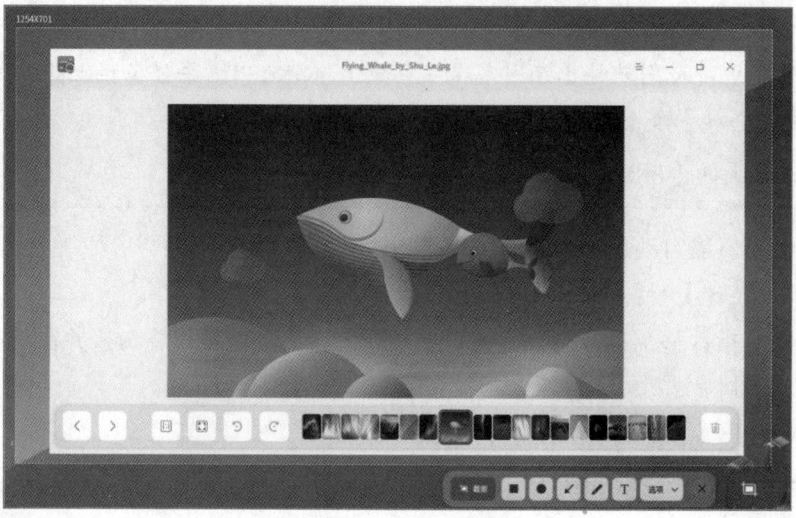

图 5-62　自选区域截图

（1）按住鼠标左键不放，然后通过拖动鼠标来放大或缩小截图区域。

（2）按下【Ctrl】+【↑】或【↓】按键来上下扩展截图区域，按下【Ctrl】+【←】或【→】按键来左右扩展截图区域。

若要移动截图位置，则将鼠标指针置于截图区域上，鼠标指针变为手形时，用户可以进行以下操作：

（1）按住鼠标左键不放，然后通过拖动鼠标来移动截图区域的位置。

（2）按下【↑】或【↓】按键来上下移动截图区域，按下【←】或【→】按键来左右移动截图区域。

4）编辑截图

截图录屏自带图片编辑功能，包括图形标记、文字批注等，可以满足用户的日常图片处理需求。用户还可以给图片打上马赛克，保护用户隐私。

用户可以通过以下操作来编辑截图：

（1）单击工具栏上的工具图标来编辑。

（2）通过快捷键来快速切换各个编辑工具。

用户可以在截取图片的过程中绘制一些简单的图形，如矩形、椭圆等，如图 5-63 所示为可以使用的编辑工具。

图 5-63　编辑工具

在截图区域绘制矩形、椭圆等图形的操作步骤类似，此处以绘制矩形为例进行讲解。

（1）选中截图区域后，在截图区域下方的工具栏中单击矩形图标■。

（2）在工具栏展开面板中，选择矩形边线的粗细、颜色。

（3）将鼠标指针置于截图区域，当鼠标指针变为 时，按住鼠标左键不放，拖动鼠标左键以完成图形区域的绘制，效果如图 5-64 所示。

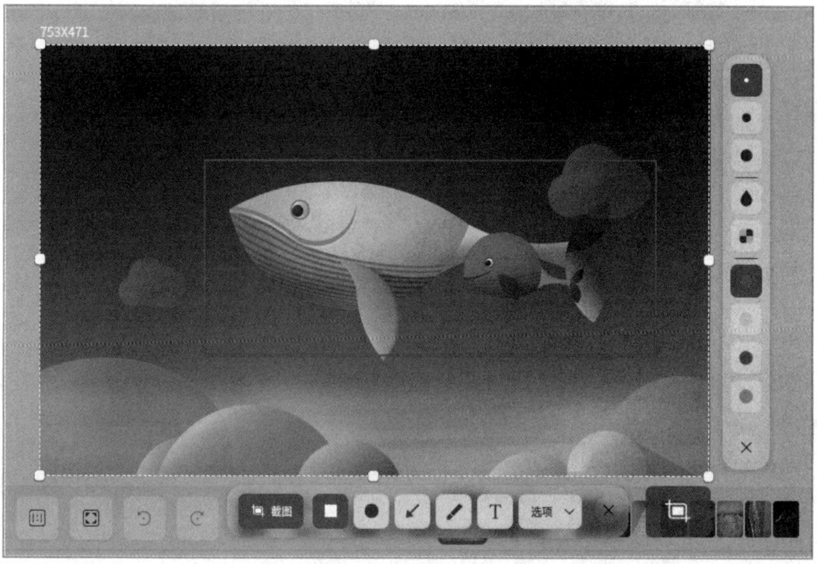

图 5-64　绘制矩形

（4）如果截图中包含了个人隐私信息，可以通过工具栏展开面板中的模糊工具 或 来涂抹。

在截取的图片中添加文字批注可以对截取的图片进行文字补充和说明，帮助他人更清楚地了解截取的图片，其操作步骤如下：

（1）在截图区域下方的工具栏中单击添加文字图标 T ，在工具栏展开面板中可调整批注字体的大小和颜色。

（2）将鼠标指针置于截取的图片上，此时鼠标指针变为 I 。

（3）单击需要添加批注的地方，将会出现一个待输入的文本框，在文本框中输入文字，即可添加文字，如图 5-65 所示。

5）保存截图

将截取的图片保存下来，为后续的使用储存素材。保存截图的方式有以下几种。

（1）双击鼠标左键进行保存。

（2）单击截图工具栏中的 图标进行保存。

（3）按下【Ctrl】+【S】组合键进行保存。

（4）在截取的图片中，单击鼠标右键，在快捷菜单中选择【保存】命令来完成保存操作。

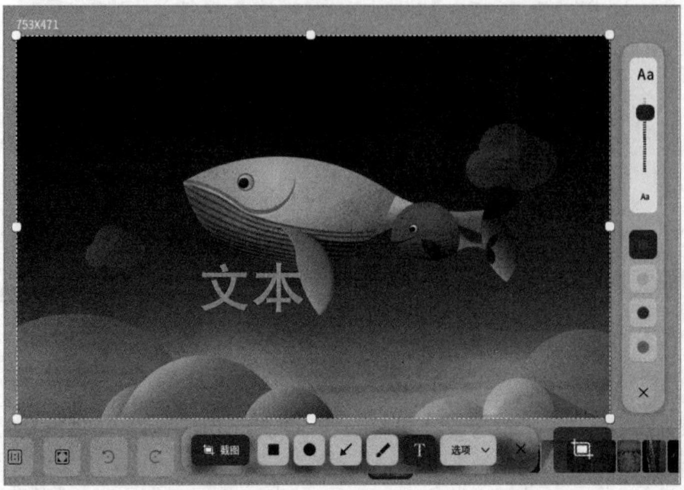

图 5-65　添加文字

说明：① 如果计算机支持触控屏或触控板，可以使用手势替代鼠标操作，即一指双击完成截图。

② 在以上操作中，截取的图片默认存放在桌面上。

任务验证

使用截图录屏工具将截图绘制成矩形并添加文字，然后保存、查看截图，结果如图 5-66 所示。

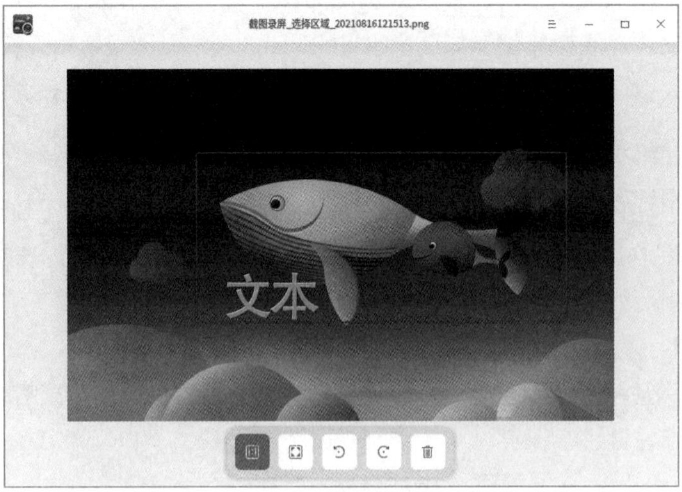

图 5-66　保存的截图

任务 5-6　系统安全应用

任务规划

Jan16 公司员工的 UOS 中存放着大量的工作文件和个人文件，为了防止病毒程序损坏这些文件，需要在员工的计算机上安装 360 杀毒软件。此任务将介绍 360 杀毒软件的安装与使用。

任务实施

系统安全应用

360 杀毒软件是 360 安全中心出品的一款免费的云安全杀毒软件。它创新性地整合了五大领先查杀引擎。360 杀毒软件具有查杀率高、资源占用少、升级迅速等优点。该软件零广告、零打扰、零胁迫，一键扫描，可以快速、全面地诊断系统的安全状况和健康程度，并进行精准修复，给用户带来了安全、专业、有效、新颖的查杀防护体验。

1）通过应用商店安装

（1）打开应用商店界面。

（2）通过应用商店的搜索功能找到【360 终端安全防护系统】安装包，单击【安装】按钮，即可开始下载并安装，如图 5-67 所示。

图 5-67　下载并安装 360 终端安全防护系统

2）360 杀毒软件的使用

360 杀毒软件的功能包括快速扫描、全屏扫描、自定义扫描等，其使用方法与在 Windows 操作系统中的使用方法类似，如图 5-68 所示为 360 杀毒软件开始界面。

图 5-68　360 杀毒软件开始界面

任务验证

使用 360 终端安全防护系统对员工计算机进行快速扫描，以测试安装的 360 终端安全防护系统能否正常使用，快速扫描完成界面如图 5-69 所示。

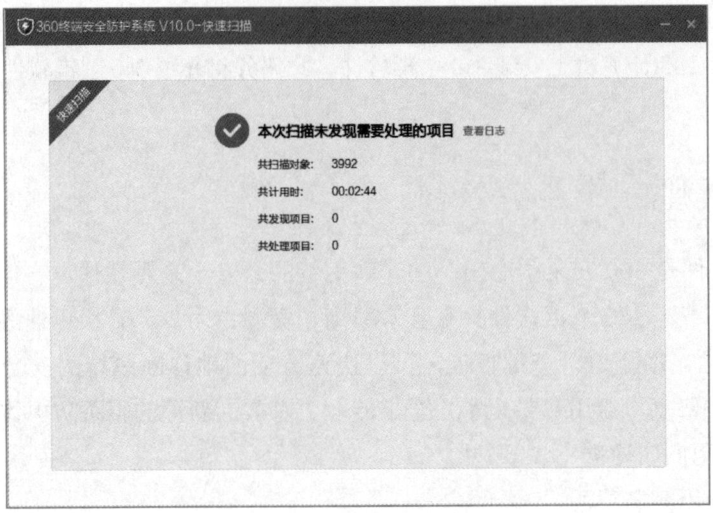

图 5-69　快速扫描完成界面

练习与实践 5

一、理论习题

1.（单选）下面哪条命令可以彻底卸载软件包？（　　）

A．apt-get install <package>　　B．apt-get remove <package> -purge

C．apt-get remove <package>　　D．apt-get upgrade

2.（多选）UOS 自带的截图软件可以对截取的图片进行哪些操作？（　　）

A．绘制矩形　　B．绘制椭圆

C．绘制三角形　　D．添加文字

E．绘制线条　　F．保存到指定位置

3．默认程序可以通过 __________ 和 __________ 两种方法更改。

4．QQ 邮箱、网易邮箱（163.com 和 126.com）、新浪邮箱等需要在设置中开启 __________ 等服务后才可以使用邮箱。

5．通过快捷键来操作截图软件省时省力，在截图模式下，按 __________ 组合键可以打开快捷键预览界面，查看所有快捷键。

6．按下 ________ 组合键可以快速进入截图模式。

7．简述手动配置软件的步骤。

8．安装 WPS 可以通过哪几种方式？

9．全屏截图可以通过哪几种方式？

10．保存截图有哪几种方式？

二、项目实训题

1．项目背景

Jan16 公司信息中心由信息中心主任黄工、系统管理组赵工和宋工 3 位工程师组成，Jan16 公司的组织架构图如图 5-70 所示。

图 5-70　Jan16 公司的组织架构图

Jan16 公司信息中心办公网络拓扑如图 5-71 所示，PC1、PC2、PC3 均采用国产鲲鹏主机，且已经安装了 UOS 并完成了网络配置，项目概况如下。

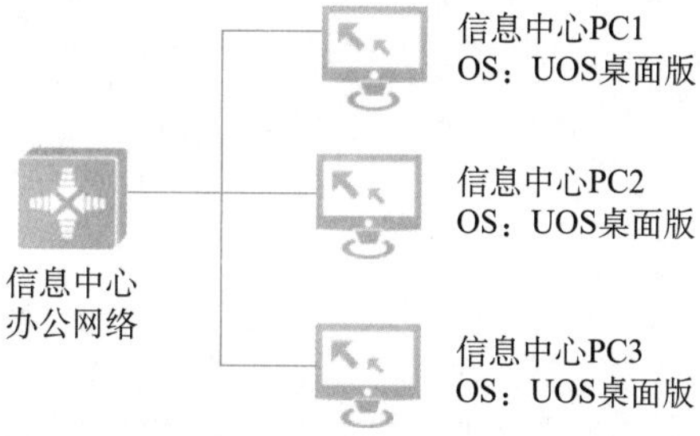

图 5-71　信息中心办公网络拓扑

为了使员工能更好地进行日常办公，其使用的 UOS 中通常都装有一些办公软件，若员工能熟练使用各个应用程序，工作起来会更加得心应手，所以让员工熟练下载、安装及设置应用程序就很必要了。本项目的项目规划表如表 5-2 所示。

表 5-2　项目规划表

任务目的	任务步骤
一、熟悉应用商店程序	下载并安装企业微信、360 终端安全防护系统
二、熟悉设置默认程序	将相册设置为图片文件的默认打开程序； 添加 WPS 文字设置为文本文件的默认打开程序

续表

任务目的	任务步骤
三、熟练操作企业微信	新建文本文档 UOS.txt，写入一些内容，然后通过企业微信传输到文件传输助手
四、熟练操作截图软件	对桌面进行全屏截图，并添加一个椭圆形和一段文字批
五、保护系统文件安全	使用 360 终端安全防护系统对计算机进行一次全盘扫描

2．项目要求

（1）根据项目规划表，完成第一个任务并截取应用商店的应用管理界面。

（2）根据项目规划表，完成第二个任务并截取控制中心的默认程序设置界面和文本类型的默认程序列表。

（3）根据项目规划表，完成第三个任务并截取企业微信内发送 UOS.txt 到文件传输助手界面的截图。

（4）根据项目规划表，完成第四个任务并截取保存好的桌面图片。

（5）根据项目规划表，完成第五个任务并截取计算机完成全盘扫描的界面。

项目 6　Jan16 公司办公计算机硬件设备的管理

项目学习目标

项目课件　项目微课

知识目标：

（1）了解统信磁盘的类型；

（2）了解统信磁盘的管理方法。

能力目标：

（1）能进行磁盘的日常管理；

（2）能进行磁盘的分区和数据管理；

（3）能设置打印机、鼠标等外部设备。

素质目标：

（1）通过学习国产自主可控软硬件案例，树立职业荣誉感、爱国意识和创新意识；

（2）通过 UOS 与 Windows 操作系统功能的对比分析，激发创新和创造意识；

（3）树立网络安全、信息安全意识。

项目描述

Jan16 公司信息中心由信息中心主任黄工、系统管理组赵工和宋工 3 位工程师组成，Jan16 公司的组织架构图如图 6-1 所示。

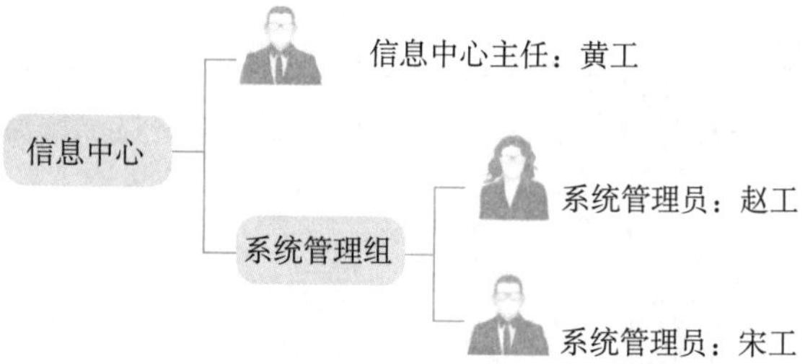

图 6-1　Jan16 公司的组织架构图

Jan16 公司信息中心办公网络拓扑如图 6-2 所示，PC1、PC2、PC3 均采用国产鲲鹏主机，且已经安装了 UOS 并完成了相关配置，项目概况如下。

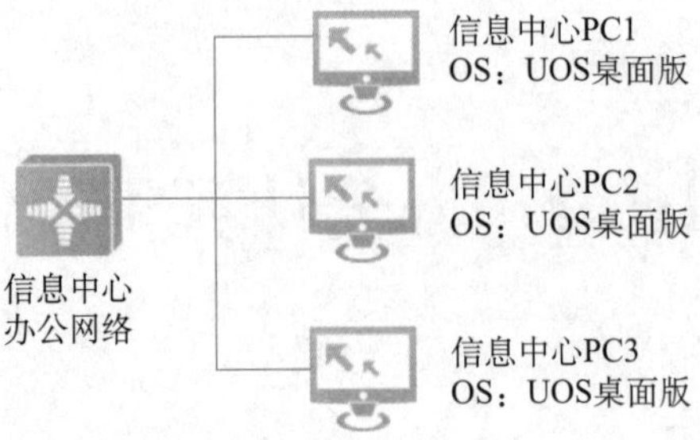

图 6-2　Jan16 公司信息中心办公网络拓扑

为了能更好地进行日常办公，PC1、PC2、PC3 均需进行磁盘管理和外部设备的配置，主要包括磁盘的日常管理和分区管理，以及对打印机、扫描仪等外部设备的管理。

项目分析

UOS 是一个多用户多任务操作系统，通过管理磁盘数据和各种外部设备，可以更好地使用计算机进行日常办公，因此需要系统管理工程师熟悉磁盘管理的方法，会熟练管理各种外部设备。本项目涉及以下工作任务。

（1）磁盘管理；

（2）外设管理。

相关知识

6.1　磁盘类型

磁盘可以分为多种类型，按照磁盘材质的不同可以分为机械硬盘和固态硬盘，按照接口类型的不同可以分为 IDE、SCSI、SATA、SAS、FC 型硬盘。磁盘分类和磁盘接口类型见图 6-3 和表 6-1。

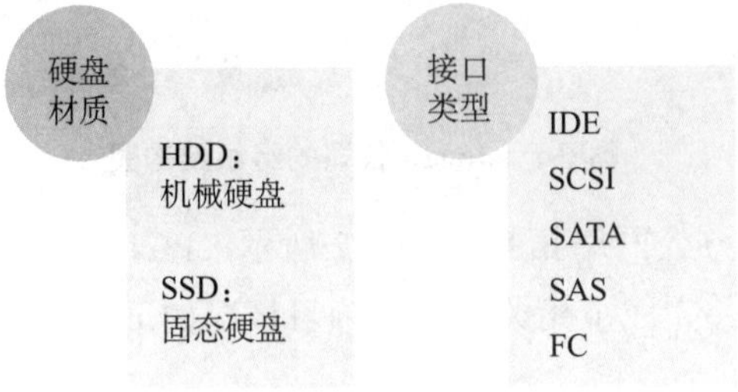

图 6-3　磁盘分类

表 6-1　磁盘接口说明

磁盘接口类型	说明
IDE（Integrated Device Electronics，电子集成驱动器）	最初硬盘的通用标准，任何电子集成驱动器都属于 IDE，甚至包括 SCSI
SATA（Serial-ATA，串行 ATA）	SATA 的出现将 ATA 和 IDE 区分开来，而 IDE 则属于 Parallel-ATA（并行 ATA）。所以，一般来说，IDE 称为并口，SATA 称为串口
SCSI（Small Computer System Interface，小型计算机系统专用接口）	SCSI 硬盘就是采用 SCSI 接口的硬盘。SAS（Serial Attached SCSI）就是串口的 SCSI 接口。一般服务器硬盘采用这两类接口，其性能比上述两种硬盘要好，稳定性更强，支持热插拔，但是价格高、容量小、噪声大
FC（Fibre Channcl，光纤通道）	光纤通道能够直接作为硬盘的连接接口，其为高吞吐量性能密集型系统的设计者开辟了一条提高 I/O 性能水平的途径

6.2　磁盘分区

磁盘分区可以将硬盘驱动器划分为多个逻辑存储单元，这些逻辑存储单元被称为分区。通过将磁盘划分为多个分区，系统管理员就可以使用不同的分区执行不同的功能。

磁盘分区的好处：

① 限制应用或用户的可用空间。

② 允许从同一磁盘进行不同操作系统的多重启动。

③ 将操作系统和程序文件与用户文件分隔。

④ 创建用于操作系统虚拟内存交换的单独区域。

⑤ 限制磁盘空间的使用以提高诊断工具和备份映像的性能。

6.3　磁盘分区的类型

磁盘分区包括主分区和扩展分区。一个硬盘只有一个扩展分区，除去主分区，其他空间都分配给扩展分区。

硬盘容量＝主分区容量＋扩展分区容量，扩展分区容量＝各个逻辑分区容量之和，如图 6-4 所示。

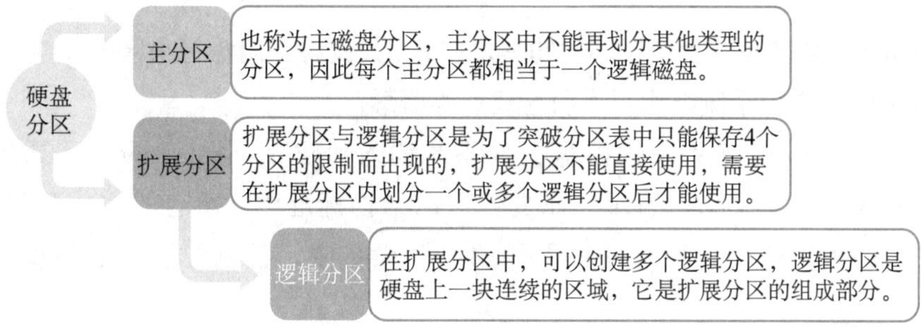

图 6-4　磁盘分区的类型

6.4 磁盘分区的命名规则

在 UOS 中，没有盘符这个概念，其是通过设备名来访问设备的，设备名存放在 /dev 目录中。磁盘分区命名规则如图 6-5 所示。

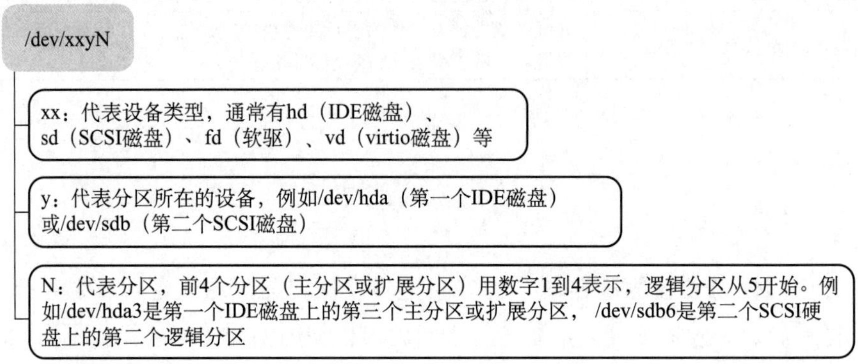

/dev/xxyN
xx：代表设备类型，通常有hd（IDE磁盘）、sd（SCSI磁盘）、fd（软驱）、vd（virtio磁盘）等
y：代表分区所在的设备，例如/dev/hda（第一个IDE磁盘）或/dev/sdb（第二个SCSI磁盘）
N：代表分区，前4个分区（主分区或扩展分区）用数字1到4表示，逻辑分区从5开始。例如/dev/hda3是第一个IDE磁盘上的第三个主分区或扩展分区，/dev/sdb6是第二个SCSI硬盘上的第二个逻辑分区

图 6-5　磁盘分区命名规则

注：在 Linux 中，SSD、SAS、SATA 类型的硬盘都用 sd 标识，IDE 硬盘属于 IDE 接口类型的硬盘，用 hd 标识。

6.5 磁盘的格式化

格式化是指对磁盘或磁盘中的分区进行初始化的一种操作，将分区格式化成不同的文件系统通常会导致现有磁盘或分区中的所有文件被清除。

6.6 磁盘挂载

与 Windows 操作系统目录树不同的是，Linux 并没有采用盘符来区分硬盘的分区。在此外，Linux 中有文件系统结构层次和挂载点等概念。

挂载点是 Linux 操作系统中磁盘文件系统的入口目录，根（root）目录是 Linux 操作系统中的第一层，用“/”表示。在文件层次结构标准中，所有的文件和目录都出现在根目录“/”下，即使它们存储在不同的物理设备中。常见的挂载点与说明如表 6-2 所示。

表 6-2　常见的挂载点与说明

挂载点	说明
/	根目录是 Linux 操作系统中唯一必须挂载的目录，也是 Linux 操作系统的最顶层目录，是文件系统的根
/boot	存放与 Linux 启动相关的程序
/home	用户目录，存放普通用户的数据
/tmp	存放临时文件
/user	应用程序所在的目录，一般情况下计算机中的软件都安装在这个目录下
/etc	各种配置文件所在的目录
/var	用于存放日志文件或磁盘读写率比较高的文件

格式化完成以后，用户还不能使用磁盘，必须挂载后才能用，原因如下：

在 Linux 中，要想使用磁盘，必须先建立一个联系，这个联系就是一个目录，建立联系的过程叫作挂载。

当访问 sdb2 下的目录时，实际上访问的是 sdb2 这个设备文件。因此，这个目录相当于一个访问 sdb2 的入口，可以把这个目录理解为是一个接口，有了这个接口才可以访问这个磁盘。

任务 6-1　磁盘管理

任务规划

磁盘管理器是一款管理磁盘的工具，可帮助用户进行磁盘的分区管理、磁盘的数据管理及磁盘的健康管理。

要对 Jan16 公司的办公计算机进行磁盘管理，需要完成以下子任务。

（1）磁盘的基本管理；

（2）磁盘的分区管理；

（3）磁盘的数据管理。

磁盘管理

任务实施

1. 磁盘的基本管理

1）运行磁盘管理器

（1）单击任务栏上的启动器图标，打开启动器界面，如图 6-6 所示。

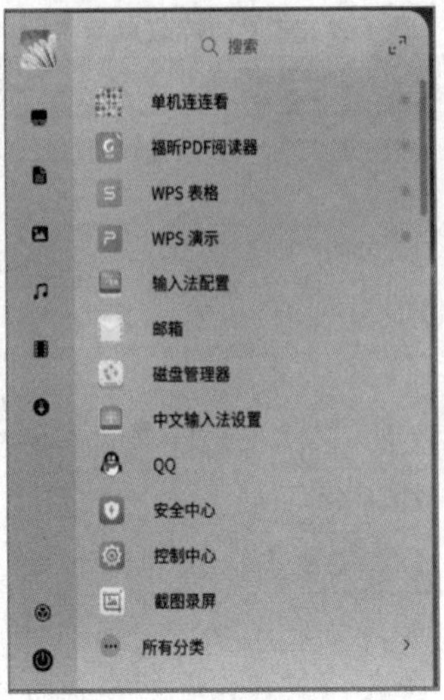

图 6-6 启动器界面

（2）上下滚动鼠标滚轮浏览或通过搜索找到磁盘管理器图标，单击即可运行磁盘管理器，弹出的系统管理授权对话框如图 6-7 所示，输入系统登录密码进行认证即可进入如图 6-8 所示的磁盘管理器主界面。

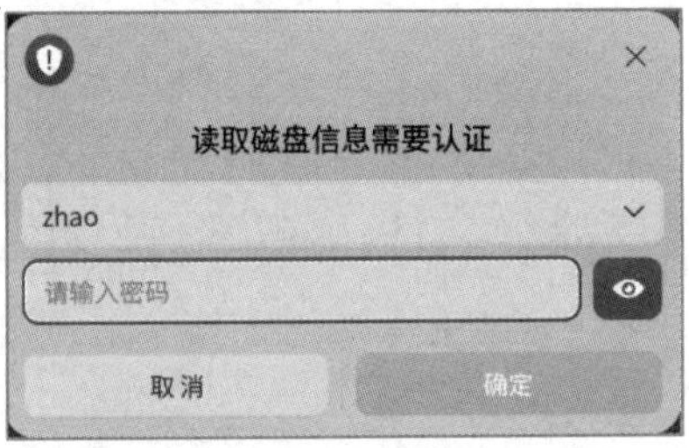

图 6-7 系统管理授权对话框

图 6-8 磁盘管理器主界面

说明：在启动器界面，右击磁盘管理器图标，快捷菜单中相关命令项的说明如下。

选择【发送到桌面】命令，可以在桌面创建磁盘管理器快捷方式。

选择【发送到任务栏】命令，可以将磁盘管理器应用程序固定到任务栏。

选择【开机自动启动】命令，可以将磁盘管理器应用程序添加到开机启动项，在计算机开机时自动运行该应用程序。

2）关闭磁盘管理器

关闭磁盘管理器有三种方法：

（1）在磁盘管理器界面单击 × 按钮，退出磁盘管理器。

（2）右击任务栏上的【磁盘管理器】图标，在快捷菜单中选择如图 6-9 所示的【关闭所有】命令，退出磁盘管理器。

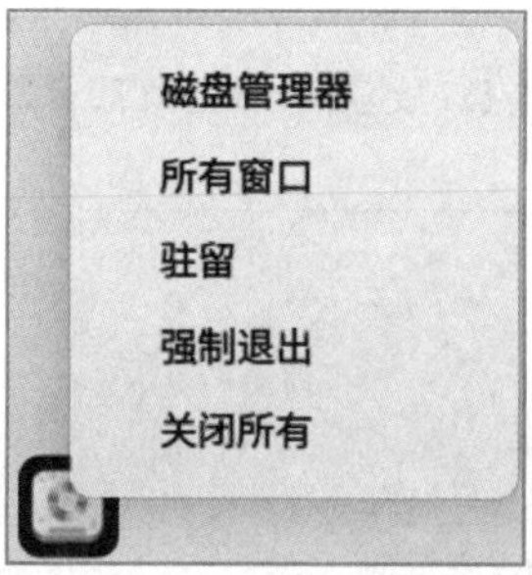

图 6-9　磁盘管理器右键快捷菜单

（3）在磁盘管理器界面单击 ≡ 图标，如图 6-10 所示，选择【退出】选项退出磁盘管理器。

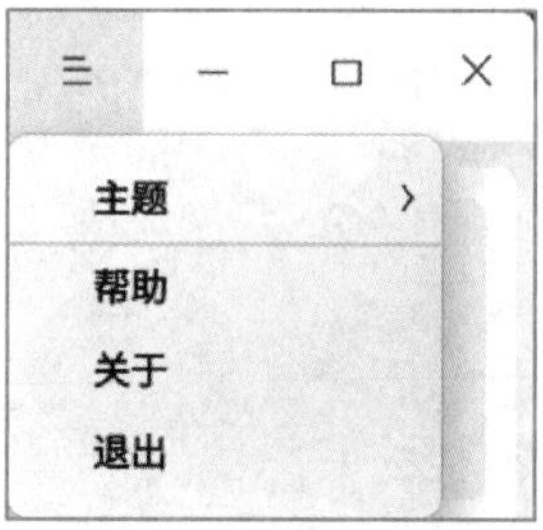

图 6-10　磁盘管理器界面

3）查看磁盘信息

（1）在磁盘管理器主界面，选中磁盘，并单击右键，在快捷菜单中选择【磁盘信息】命令，如图 6-11 所示。

（2）在打开的磁盘信息界面即可查看磁盘的序列号、版本、功能及速度等信息，如图 6-12 所示。

（3）单击左下角的【导出】按钮，还可以将磁盘信息导出到指定的文件夹。

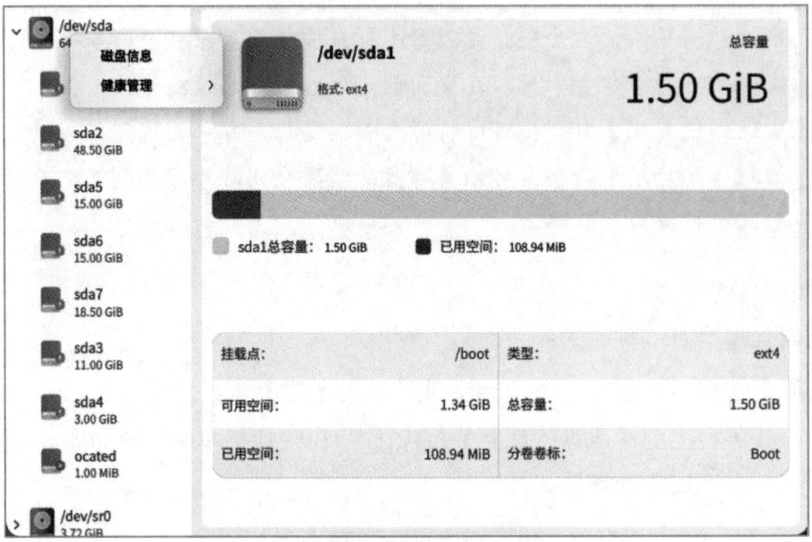

图 6-11　选择【磁盘信息】命令

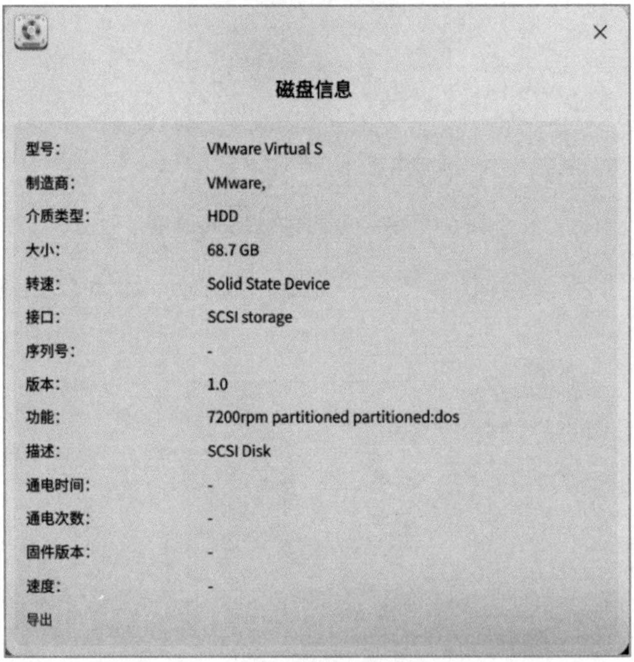

图 6-12　磁盘信息

4）硬盘的健康检测

（1）在磁盘管理器主界面，选中磁盘，单击右键，在快捷菜单的【健康管理】子菜单中选择【硬盘健康检测】命令，如图 6-13 所示。

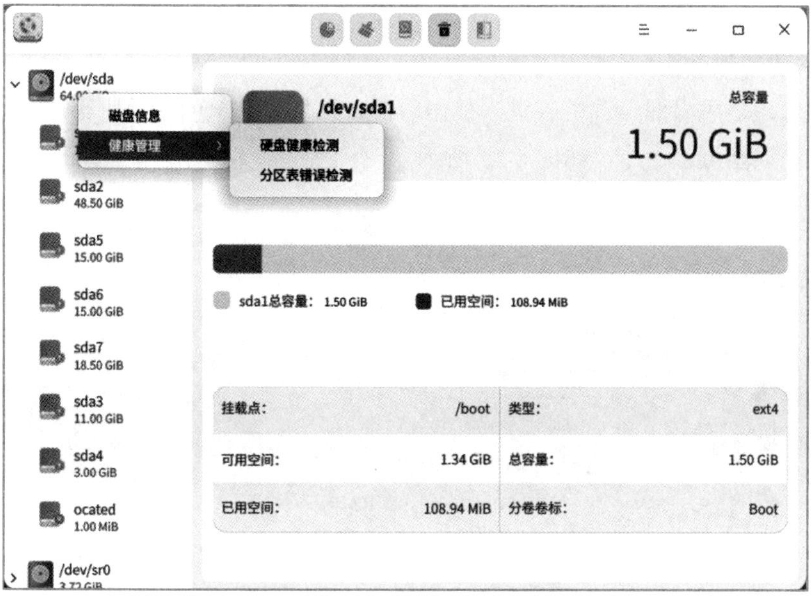

图 6-13　选择【硬盘健康检测】命令

（2）在打开的硬盘健康检测界面可查看磁盘的健康状态、当前的温度及各属性的状态，如图 6-14 所示。

ID	状态	当前值	历史最差值	临界值	原始数据	属性名称
1	G	074	063	006	25405305	Raw_Read_Error_Rate
3	G	097	097	000	0	Spin_Up_Time
4	G	100	100	020	347	Start_Stop_Count
5	G	100	100	010	0	Reallocated_Sector_Ct
7	G	073	060	045	23918949	Seek_Error_Rate
9	G	099	099	000	1705	Power_On_Hours
10	G	100	100	097	0	Spin_Retry_Count
12	G	100	100	020	339	Power_Cycle_Count
183	G	100	100	000	0	Runtime_Bad_Block
184	G	100	100	099	0	End-to-End_Error
187	G	100	100	000	0	Reported_Uncorrect
188	G	100	100	000	000	Command_Timeout

图 6-14　硬盘健康检测界面

（3）单击右下角的【导出】按钮，可以将硬盘健康检测信息导出到指定的文件夹。

5）分区表错误检测

在磁盘管理器主界面，选中磁盘，单击右键，在快捷菜单的【健康管理】子菜单中选择【分区表错误检测】命令，如图 6-15 所示。

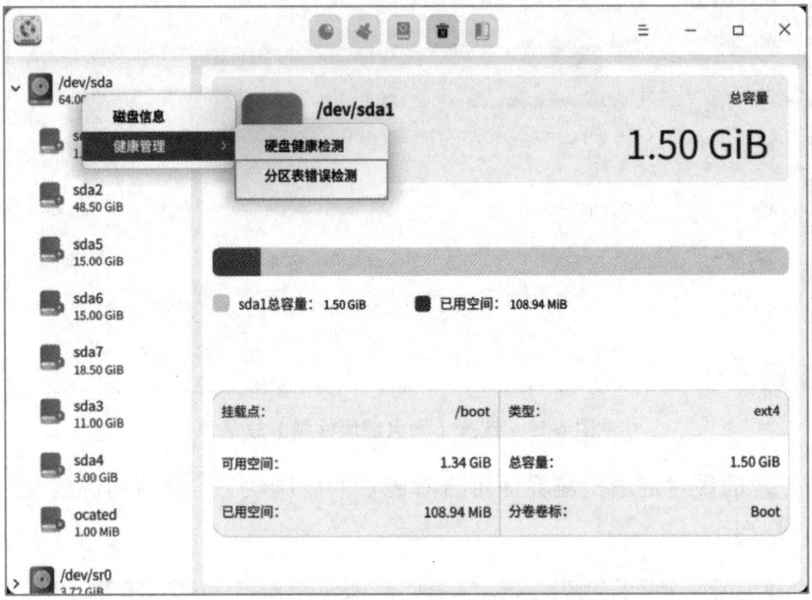

图 6-15　选择【分区表错误检测】命令

若分区表有错误，则会弹出错误报告，如图 6-16 所示，可以根据错误报告去修复问题。

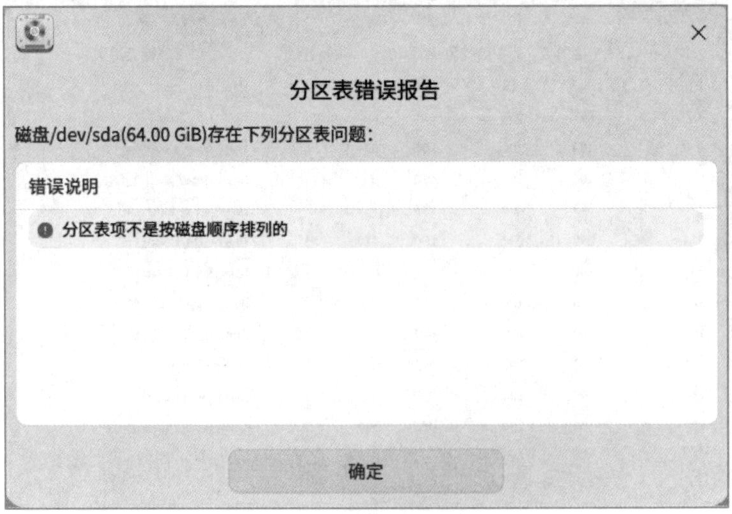

图 6-16　分区表错误报告

若分区表没有错误，则弹出【分区表检测正常】提示，如图 6-17 所示。

图 6-17　分区表检测正常提示

2. 磁盘的分区管理

1）新建分区

（1）在磁盘管理器主界面，选中未分配的分区，并在顶部功能栏单击分区图标。

（2）系统弹出确认对话框，单击【确定】按钮后进入分区操作界面。在分区操作界面，可查看分区总容量、名称、格式及所属的磁盘信息，如图 6-18 所示。

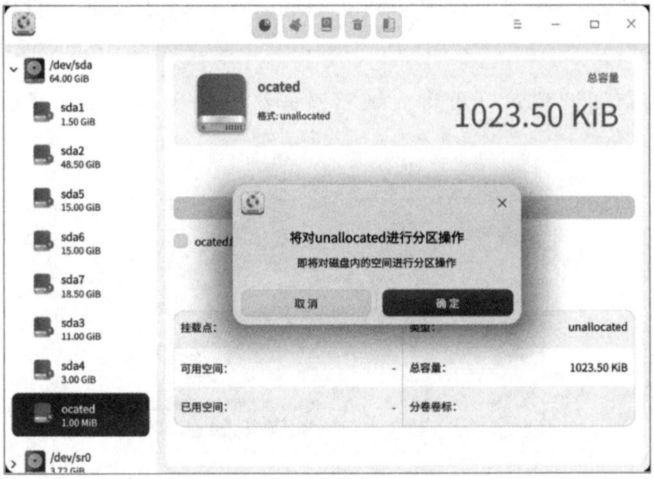

图 6-18　分区操作界面

（3）在分区信息区域填写新分区名称、分区大小，并选择分区格式，然后单击【增加】按钮即可创建一个新分区。并且可新建多个分区，在磁盘条形图中会分段显示每个分区及其名称，如图 6-19 所示。

（4）在新建分区的过程中，单击【删除】按钮，可删除分区。

（5）创建完分区后，单击【确定】按钮，新建的分区就会显示在对应的磁盘下。

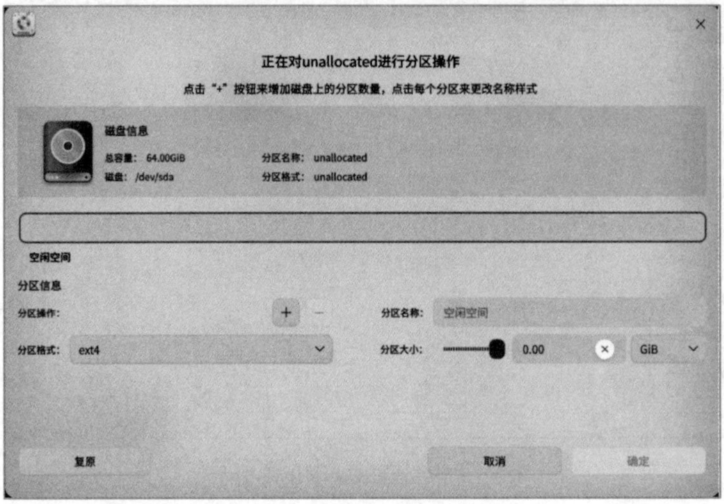

图 6-19 创建分区

（6）在新建分区的过程中会自动格式化该分区。若要正常使用新建分区，还需要手动挂载。

2）空间调整

若分区空间太小，则可以对其进行调整，前提是选中的分区处于卸载状态。调整的步骤如下。

（1）在磁盘管理器主界面，选中卸载状态的分区，并在顶部功能栏单击空间调整图标。

（2）在弹出的空间调整对话框中，填写需要扩容的大小，单击【确定】按钮，如图 6-20 所示。

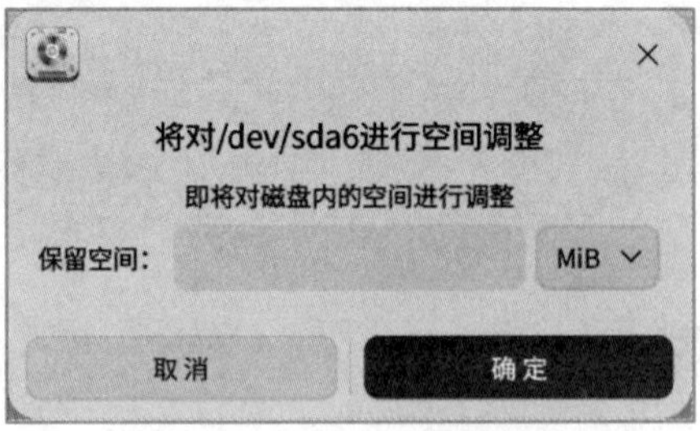

图 6-20 空间调整对话框

（3）扩容完成后，可查看分区的总容量。

3）隐藏分区

隐藏的分区，在“计算机”中不可见，但在磁盘管理器中可见。隐藏分区中的文件不会丢失，只是无法正常访问。

隐藏分区使用前提是：选中的分区不是系统分区，且处于卸载状态。隐藏分区的步骤如下。

（1）在磁盘管理器主界面，选中一个分区，并单击右键，如图 6-21 所示。

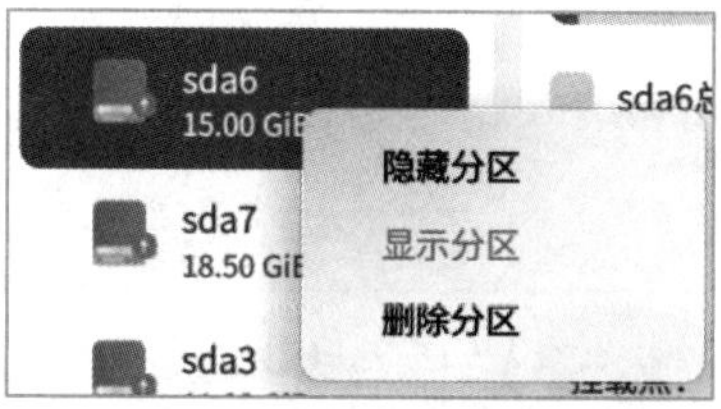

图 6-21　选中分区的右键快捷菜单

（2）选择【隐藏分区】命令后系统弹出确认对话框，如图 6-22 所示，单击【隐藏】按钮，该分区的图标则转换为隐藏状态。

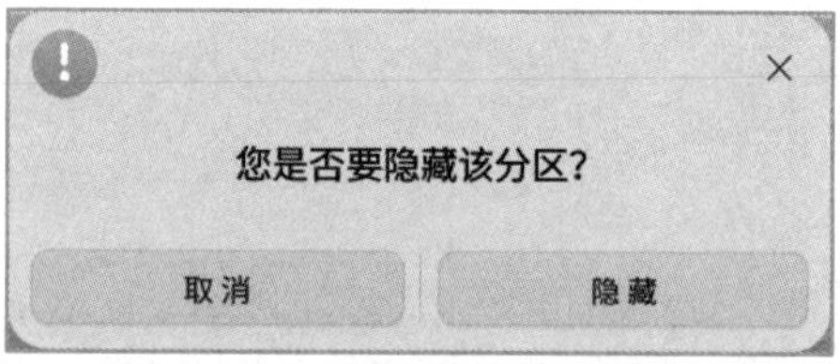

图 6-22　隐藏分区确认对话框

4）显示分区

在磁盘管理器主界面，选中隐藏的分区，并单击右键。在快捷菜单中选择【显示分区】命令后系统弹出确认对话框，单击【显示】按钮，该分区的图标则转换为显示状态。取消隐藏后分区处于卸载状态，若要正常使用，则需手动挂载。

3. 磁盘的数据管理

1）分区格式化

格式化主要是在更改分区格式时使用。格式化分区后，将会删除该分区储存在磁盘上的所有数据，且无法撤销，请谨慎操作。

使用前提：选中的分区为空闲分区，且处于卸载状态。分区格式化的操作步骤如下：在磁盘管理器主界面，选中一个分区，并在顶部功能栏单击格式化图标；在弹出的格式化操作对话框中，填写分区的名称，并选择分区格式，如图 6-23 所示。

2）分区挂载

分区挂载的操作步骤：在磁盘管理器主界面，选中未挂载的分区，并在顶部功能栏单击挂载图标；在弹出的挂载操作对话框中，选择或创建挂载点后，单击【挂载】按钮即可，如图 6-24 所示。

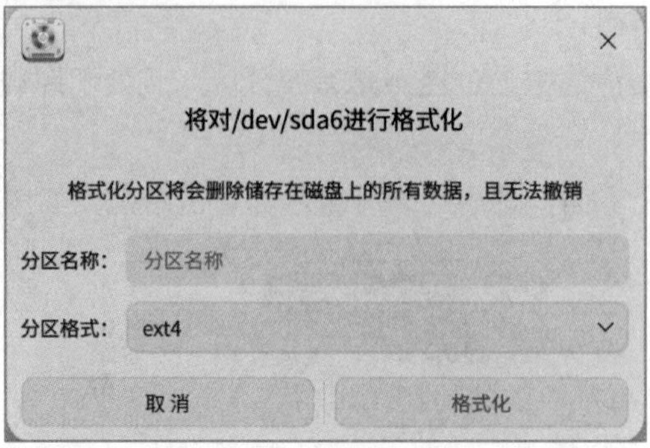

图 6-23　格式化设置

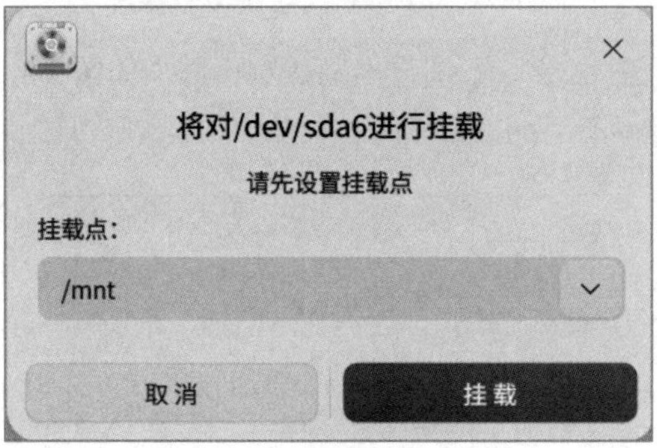

图 6-24　挂载分区设置

3）分区卸载

若要修改分区的挂载点，可先卸载，再重新挂载。分区卸载的操作步骤如下：在磁盘管理器主界面，选中一个分区，并在顶部功能栏单击卸载图标；在弹出的确认对话框中确认无正在运行的程序后，单击【卸载】按钮即可。

4）删除分区

删除分区后，该分区中的所有文件都会丢失，请谨慎操作。

使用前提：选中的分区处于卸载状态。删除分区的操作步骤如下：在磁盘管理器主界面，选中一个分区，单击右键；在快捷菜单中选择【删除分区】命令后系统弹出确认对话框，单击【删除】按钮，该分区即在对应磁盘下消失。

任务验证

在 Jan16 公司办公计算机上打开磁盘管理器，查看磁盘数据和磁盘分区情况，如图 6-25 所示。

图 6-25　磁盘分区情况

任务 6-2　外设管理

任务规划

Jan16 公司员工 UOS 通常需要连接一些外部设备（简称“外设”）来协助办公，常用的外设有打印机、扫描仪、U 盘、蓝牙鼠标等。此任务的目的是帮助员工更好地管理这些外设。本任务可通过以下操作来完成。

（1）打印机的管理；

（2）扫描仪的管理；

（3）U 盘的管理；

（4）蓝牙鼠标的管理。

外设管理

任务实施

1. 打印机的管理

打印管理器是一款基于 CUPS 的打印机管理工具，可同时管理多个打印机。其界面为可视化界面，操作简单，可方便用户快速添加打印机及安装驱动。

1）运行打印管理器

（1）单击任务栏上的启动器图标，进入启动器界面。

（2）上下滚动鼠标滚轮浏览或通过搜索，找到打印管理器图标。

说明：在启动器界面，鼠标右击打印管理器图标，快捷菜单中相应命令的说明如下。

选择【发送到桌面】命令，可以在桌面创建打印管理器快捷方式。

选择【发送到任务栏】命令，可以将打印管理器应用程序固定到任务栏。

选择【开机自动启动】命令，可以将打印管理器应用程序添加到开机启动项，在计算机开机时自动运行该应用程序。

2）关闭打印管理器

关闭打印管理器有如下三种方法。

（1）在打印管理器界面，单击 × 图标，退出打印管理器。

（2）右击任务栏上的图标，选择【关闭所有】命令退出打印管理器，如图 6-26 所示。

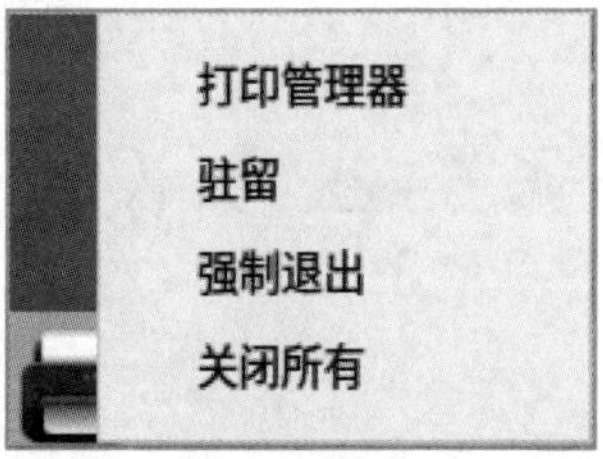

图 6-26　打印管理器右键快捷菜单

（3）在打印管理器界面单击 ≡ 图标，选择【退出】选项退出打印管理器，如图 6-27 所示。

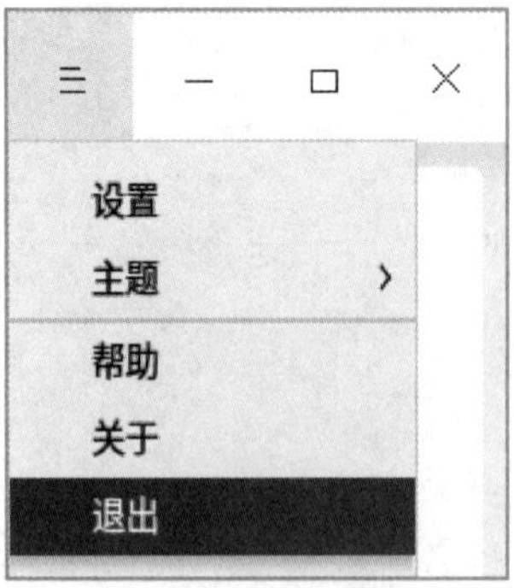

图 6-27　打印管理器界面

3）添加打印机

在打印管理器界面，单击 + 图标，可选择自动查找、手动查找或 URI 查找的方式添加打印机。

自动查找打印机的操作步骤如下：

（1）单击【自动查找】项，会显示打印机列表，选择需要添加的打印机。

（2）选好打印机后，会显示驱动列表，默认选择推荐的打印机驱动，如图 6-28 所示。若选择手动驱动方案，则会跳转到手动选择打印机驱动界面。

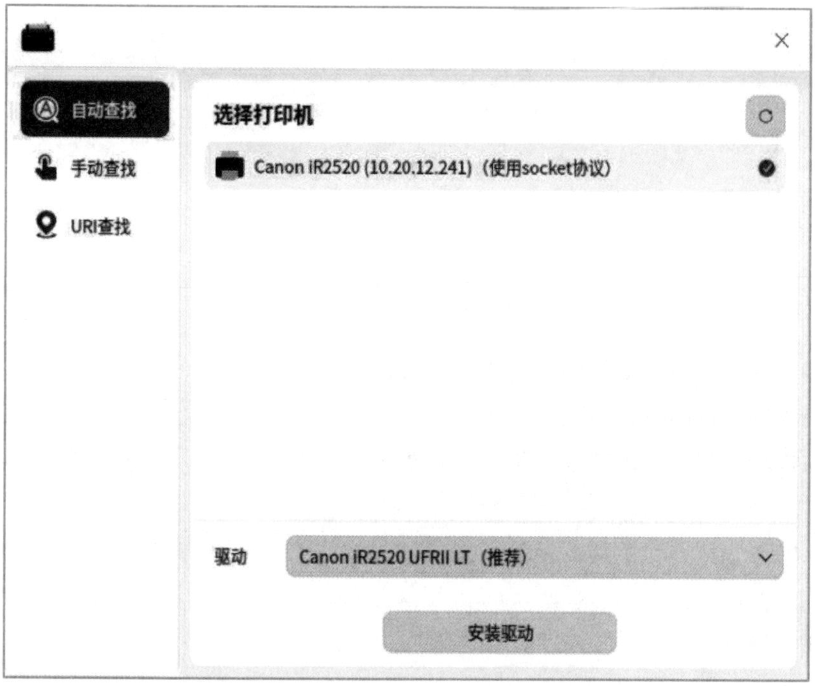

图 6-28　自动查找界面

（3）单击【安装驱动】按钮，进入安装界面。

手动查找打印机的操作步骤如下：

（1）单击【手动查找】项，输入主机名或 IP 后，系统将通过各种协议扫描打印机。

> 说明：如果使用 samba 协议，在查找打印机时，会弹出设置用户名、密码和群组对话框。其中群组默认为当前用户域，如果没有，则默认为 workgroup。

（2）选好打印机后，会显示驱动列表，默认选择推荐的打印机驱动，如图 6-29 所示。若没有加载出驱动列表，则可以选择手动驱动方案。

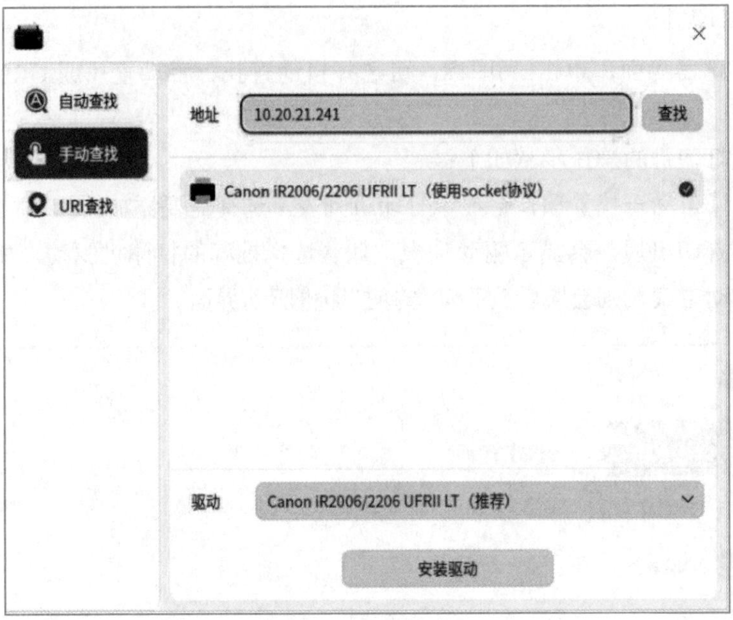

图 6-29　手动查找界面

（3）单击【安装驱动】按钮，进入安装界面。

URI 查找打印机的操作步骤如下：

（1）在自动查找和手动查找都不能查询到打印机的情况下，可通过 URI 查找并安装打印驱动。

（2）单击【URI 查找】项，输入打印机的 URI，如图 6-30 所示。

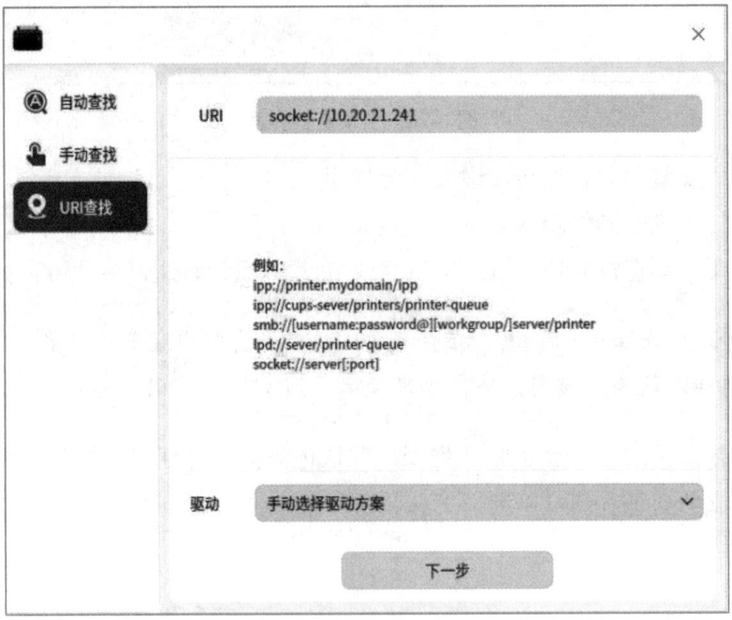

图 6-30　URI 查找界面

（3）系统默认手动选择驱动方案进行安装，单击【下一步】按钮，进入选择驱动界面。

（4）用户选择对应的驱动，单击【安装驱动】按钮，进入安装界面。

说明：使用 URI 查找的前提是用户知道打印机的 URI 与使用协议。

4）选择驱动

（1）系统默认驱动：选择打印机后，如果有匹配的驱动，系统会默认选择推荐的驱动。

（2）手动选择驱动：选择打印机后，选择手动选择驱动方式，驱动的来源有三种，下面进行具体介绍。

- 本地驱动：通过下拉框选择厂商及型号，查询本地驱动，如图 6-31 所示。
- 本地 PPD 文件：将本地 PPD 文件拖动到文件打开处，或单击【选择一个 PPD 文件】按钮在本地文件夹查找，如图 6-32 所示。

说明：使用本地 PPD 文件安装驱动的前提是用户必须在本地安装了驱动，否则，会提示驱动安装失败。

- 搜索打印机驱动：输入精确的厂商和型号后，系统会在后台的驱动库中搜索，搜索结果会显示在下拉框中，如图 6-33 所示。

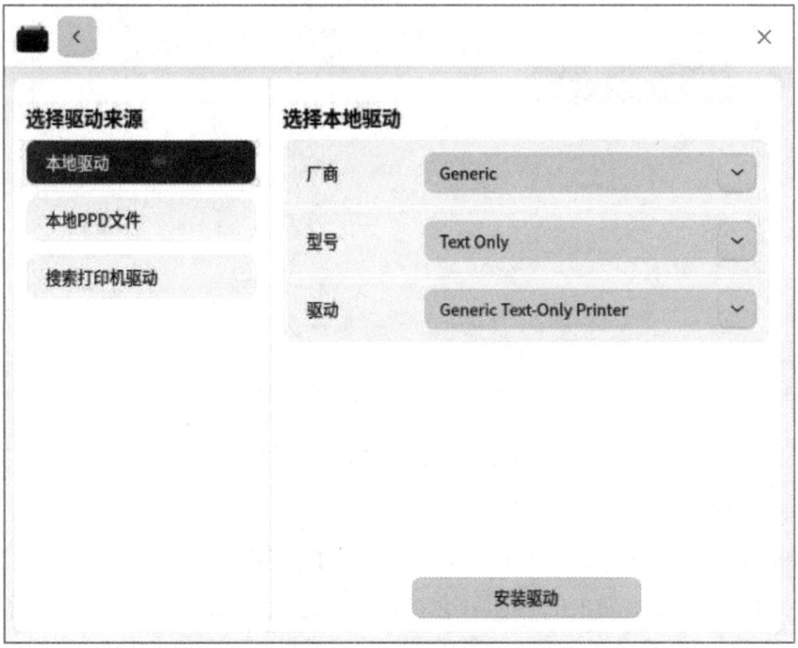

图 6-31　本地驱动设置

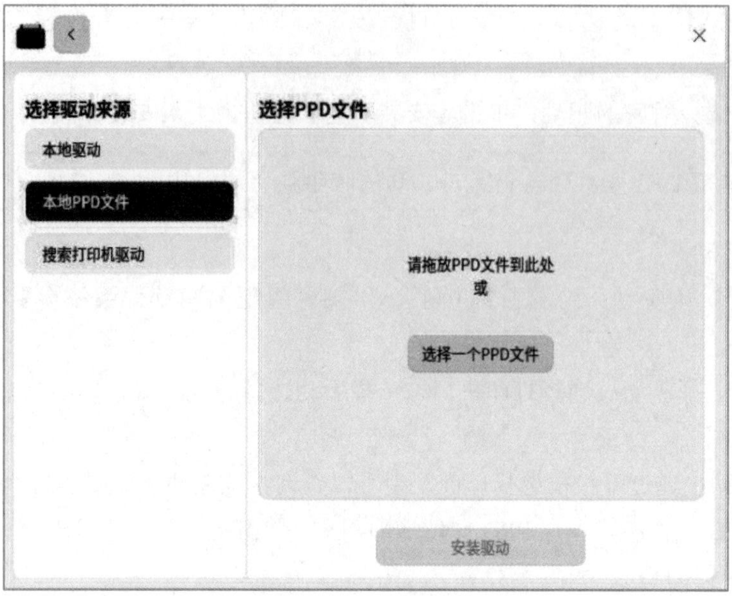

图 6-32　本地 PPD 文件设置

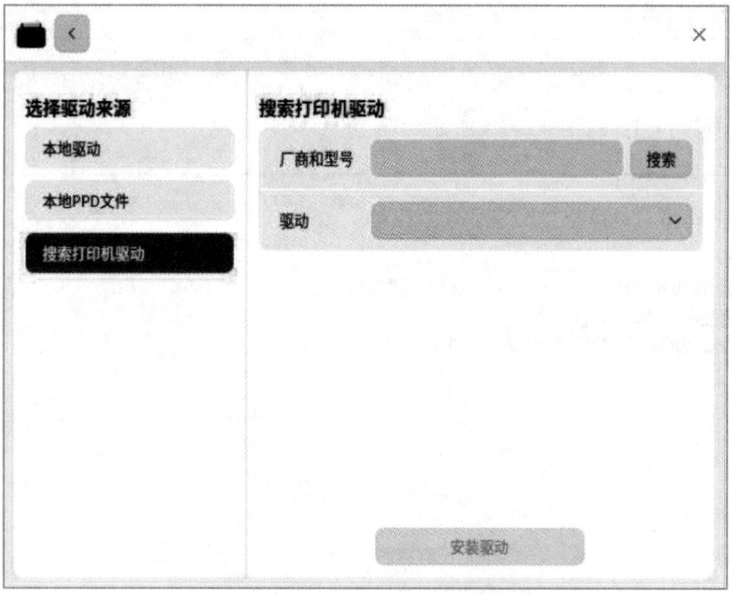

图 6-33　搜索打印机驱动设置

5）安装打印机

为添加的打印机选择驱动后，单击【开始安装】按钮，进入安装界面。

如果安装成功，系统弹出的界面就会提示安装成功，如图 6-34 所示。用户可以单击【打印测试页】按钮查看是否可以正常打印；单击【查看打印机】按钮，则跳转到打印机管理界面。

图 6-34　安装成功界面

如果安装失败，系统弹出的界面就会提示安装失败，此时可进行重新安装，如图 6-35 所示。

图 6-35　安装失败界面

6）打印管理界面

若已经成功添加了打印机，打开应用后即可进入打印管理界面。选中打印机，将出现【属性】【打印队列】【打印测试页】【耗材】【故障排查】等设置项，如图 6-36 所示。

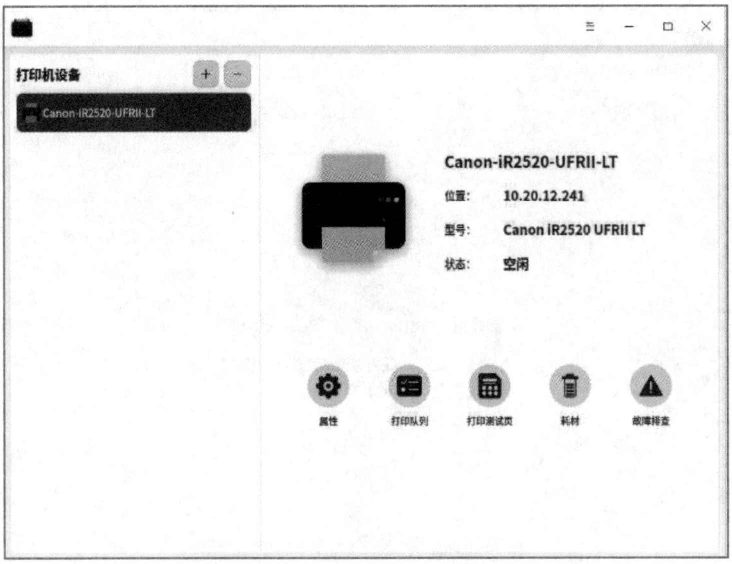

图 6-36　打印管理界面

在打印管理器界面，单击【属性】图标，系统跳转到如图 6-37 所示的打印属性列表界面。

（1）用户可以查看打印机驱动、URI、位置、描述、颜色等。

（2）用户还可以根据实际需求设置纸张来源、纸张大小、双面单元、方向、打印顺序等。如纸张大小可以选择 A4、A5、B5、A3 及 Letter 等，打印方向可以选择纵向、横向或反横向等。

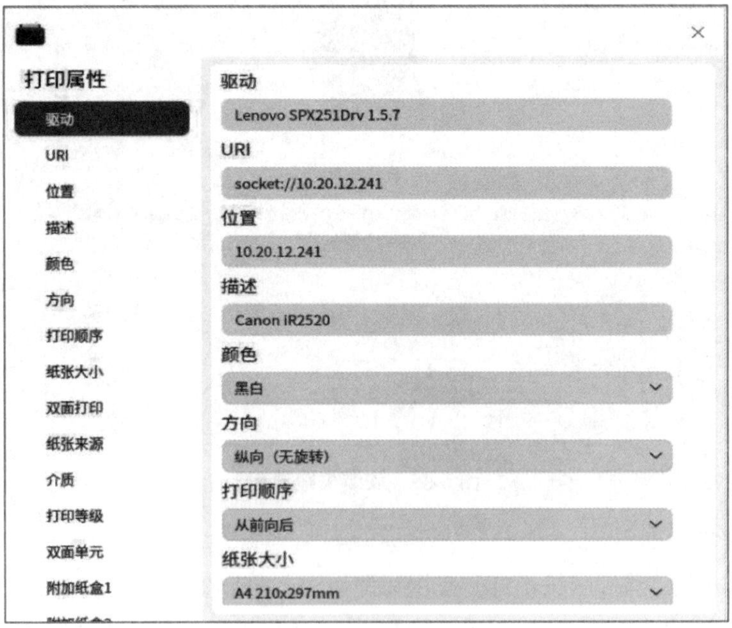

图 6-37　打印属性列表界面

说明：打印机属性列表与打印机型号及驱动相关联，请以实际情况为准。

在打印管理器界面，单击【打印队列】图标，进入主界面。在主界面可进行选择全部列表、打印队列、打开已完成列表和刷新列表操作，系统默认选择打印队列界面。

（1）打印队列界面显示内容包括任务 ID、用户、文档名称、打印机、大小、提交时间、状态及操作。

（2）选择一个打印任务后，通过右键快捷菜单可进行取消打印、删除任务、暂停打印、恢复打印、优先打印、重新打印操作，如图 6-38 所示。

图 6-38　打印队列界面

在打印管理器界面，单击【打印测试页】图标，即可测试是否打印成功。

如果测试页显示打印成功，则可进行其他的打印任务。如果测试页显示打印失败，则可选择重新安装或故障排查。

在打印管理器界面，单击【耗材】图标可查看打印机耗材余量，若余量不足，则需要更换。

打印失败时，在打印管理器界面可单击【故障排查】图标，排查内容如图 6-39 所示。

（1）检查 CUPS 服务是否开启。

（2）检查驱动文件是否完整。

（3）检查打印机设置：打印机是否启动、是否接受任务。

（4）检查打印机连接状态是否正常。

在打印管理器界面，选中打印机型号，单击鼠标右键，通过快捷菜单可设置打印机是否共享、是否启动、是否接受任务、是否设为默认打印机，如图 6-40 所示。

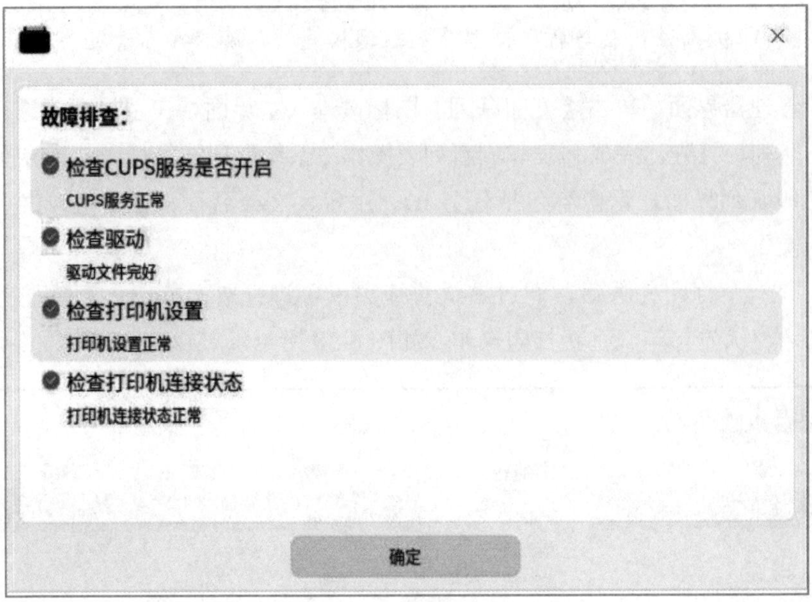

图 6-39　故障排查界面

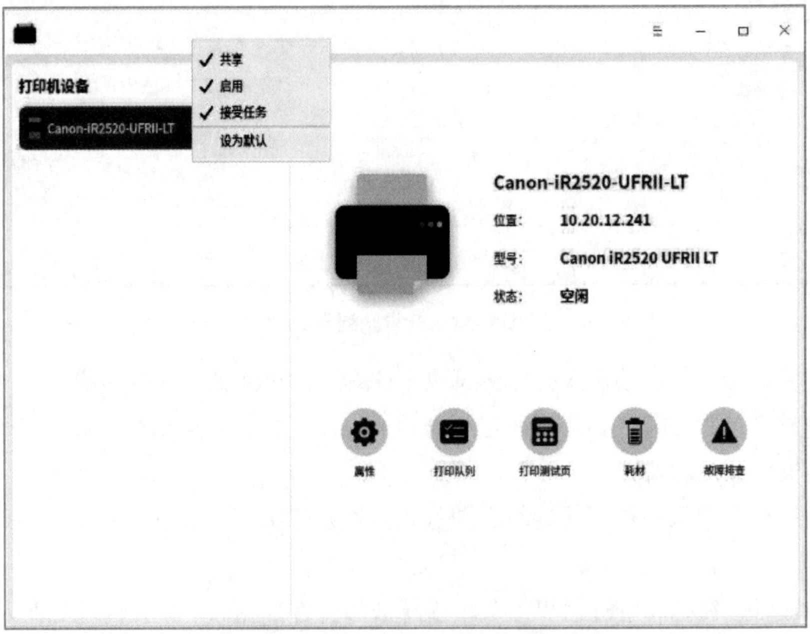

图 6-40　打印机右键快捷菜单

7）删除打印机

在打印管理器界面，单击 - 图标，可删除选中的打印机，如图 6-41 所示。

图 6-41　删除打印机

2. 扫描仪的管理

扫描管理器是一款管理扫描设备的工具，可同时管理多个扫描设备。其界面为可视化界面，操作简单，可以帮助用户提高扫描的效率、扫描的质量及节省存储空间。

1）运行扫描管理器

（1）单击任务栏上的启动器图标，进入启动器界面。

（2）上下滚动鼠标滚轮浏览或通过搜索，找到扫描管理器图标。

> 说明：在启动器界面，鼠标右击扫描管理器图标，快捷菜单中相关命令说明如下。
> 选择【发送到桌面】命令，可以在桌面创建扫描管理器快捷方式。
> 选择【发送到任务栏】命令，可以将扫描管理器应用程序固定到任务栏。
> 选择【开机自动启动】命令，可以将扫描管理器应用程序添加到开机启动项，在计算机开机时自动运行该应用程序。

2）关闭扫描管理器

关闭扫描管理器有如下三种方法：

（1）在扫描管理器界面，单击 × 图标，退出扫描管理器。

（2）右击任务栏上的图标，在快捷菜单中选择【关闭所有】命令退出扫描管理器，如图 6-42 所示。

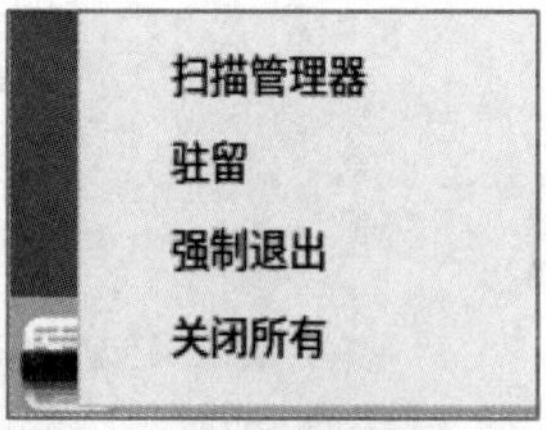

图 6-42　扫描管理器右键快捷菜单

（3）在磁盘管理器界面单击 ≡ 图标，选择【退出】选项，退出扫描管理器，如图 6-43 所示。

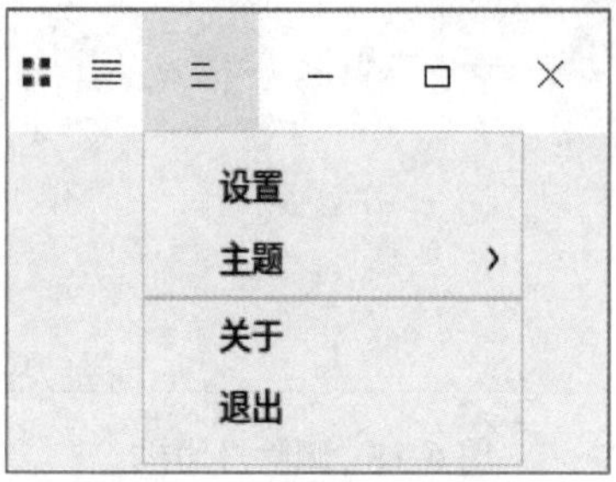

图 6-43　扫描管理器界面

3）扫描管理器的基本操作

将扫描设备与计算机连接，并打开扫描设备的开关。

在扫描管理器界面，单击【扫描】图标，列表会显示与当前电脑连接上的所有扫描设备，如扫描仪等。如果没有显示对应的设备列表，则需要安装驱动，如图 6-44 所示。

图 6-44　扫描管理器界面

安装驱动的操作步骤如下：

（1）在扫描界面，单击添加 + 图标，进入选择驱动界面。

（2）可选择在线安装驱动或手动安装驱动，如图 6-45 所示。

在线安装驱动：依赖驱动仓库。

手动安装驱动：在官网下载扫描设备对应的驱动安装包，在安装驱动界面单击【导入本地驱动】按钮。选中下载的驱动安装包后，单击【安装驱动】按钮，即可进行安装。

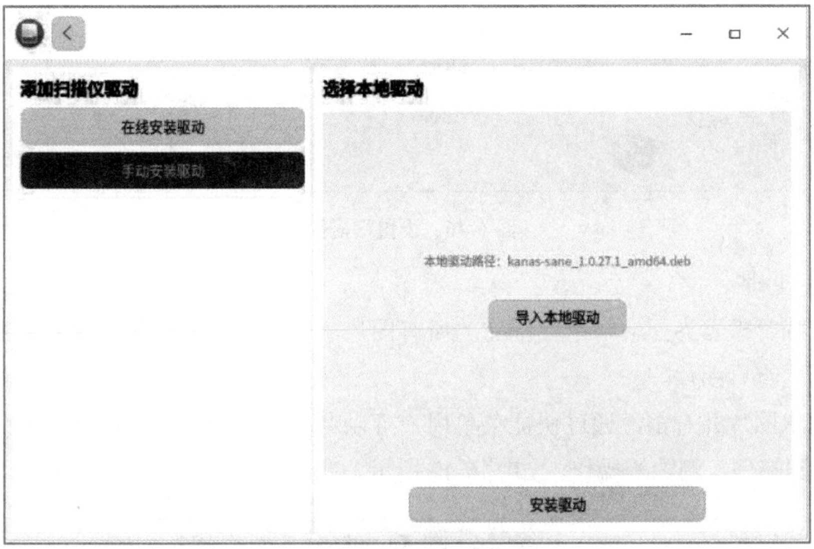

图 6-45　安装驱动界面

（3）驱动安装成功后，返回扫描管理器界面，再次单击【扫描】图标，直至设备显示在列表中。

4）设置扫描仪

（1）选择扫描仪后，在界面右侧可设置扫描参数，包括扫描设置和裁剪，如图 6-46 所示。

扫描设置：可设置色彩模式、扫描模式、分辨率及图片格式。如当前支持彩色图、灰度图、黑白图三种色彩模式，支持 ADF 正面、ADF 双面、平板三种扫描模式。

裁剪：默认为不裁剪，可选择单图裁剪或多图裁剪。如选择“多图裁剪”后，可以同时扫描多个文件并分别裁剪为多张图片。

（2）完成设置后，单击【开始】按钮，进入扫描界面。

（3）单击【扫描】按钮，在界面上可以看到扫描完的图片，双击图片即可打开。

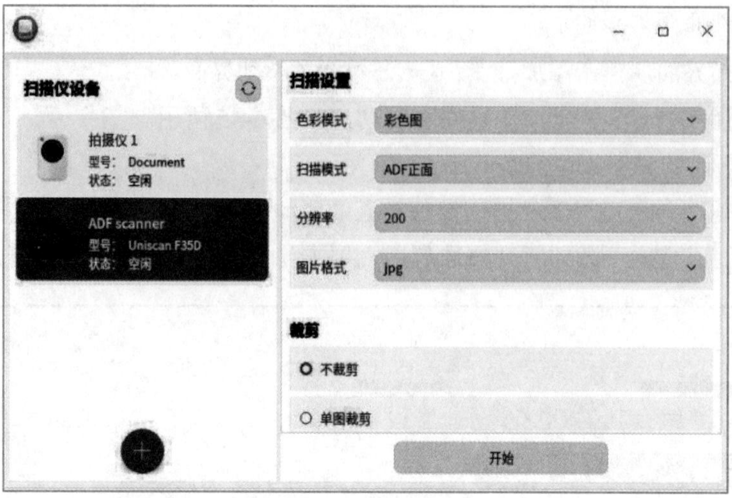

图 6-46　设置扫描仪

5）图片处理

（1）扫描管理器界面会显示扫描完的所有图片，用户可以单击图标或列表视图，以图标或列表形式查看图片。

（2）选中图片并右击，通过快捷菜单用户可以对图片进行编辑、导出、重命名、合并 PDF、添加到邮件、删除等操作，如图 6-47 所示。

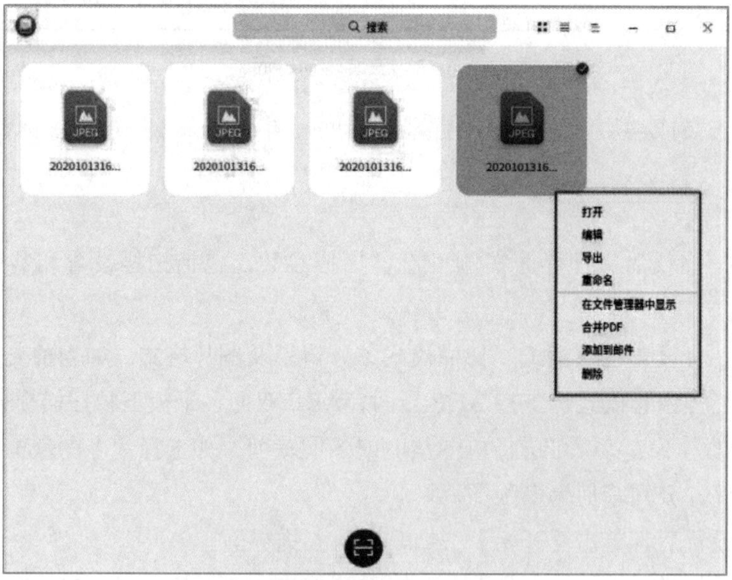

图 6-47　图片右键快捷菜单

编辑：扫描完的图片可以在画板中编辑。

导出：扫描完的图片可以直接导出，如果图片较多可以先合并为 PDF，再导出到指定位置的文件夹。

重命名：可以对扫描完的图片进行重命名，便于查找。

在文件管理器中显示：直接打开图片所在的文件夹。

添加到邮件：扫描完的图片可以通过邮件发出，如果图片较多可以先合并为 PDF 文件，再通过邮件发出。

3. U 盘的管理

1）查看 U 盘内的文件

（1）插入 U 盘后，单击任务栏上的启动器图标，进入启动器界面。

（2）上下滚动鼠标滚轮浏览或通过搜索找到文件管理器图标，单击运行文件管理器，即可看到插入的 U 盘，如图 6-48 所示。

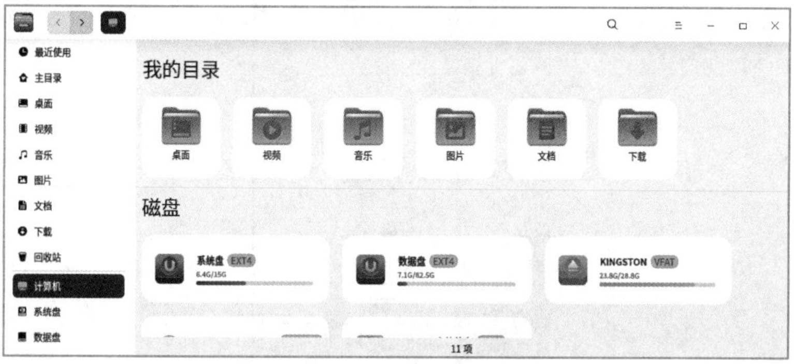

图 6-48　文件管理器界面

> 注意：如果文件管理器已经默认固定在任务栏或桌面上，用户也可以通过单击任务栏或桌面上的文件管理器图标使其运行。

（3）双击即可查看 U 盘内的文件内容。

2）弹出 U 盘

（1）在文件管理器界面左侧的导航栏，右击需要移除的 U 盘，打开如图 6-49 所示的快捷菜单。

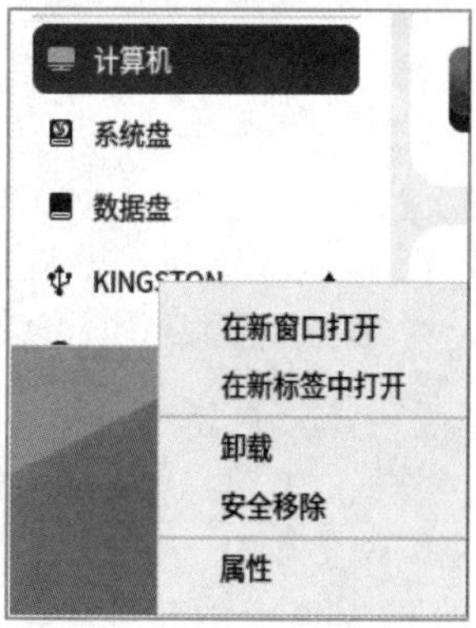

图 6-49　U 盘右键快捷菜单

（2）单击【安全移除】命令，U 盘将从磁盘列表中删除。

说明：如果要弹出光盘，单击【弹出】图标来移除光盘，单击导航栏中的 ▲ 图标同样可以弹出磁盘或光盘。

3）格式化 U 盘

（1）在文件管理器界面左侧的导航栏，右击需要格式化的 U 盘。

（2）在快捷菜单中选择【卸载】命令，然后再次右击需要格式化的 U 盘，在快捷菜单中单击【格式化】命令，如图 6-50 所示。

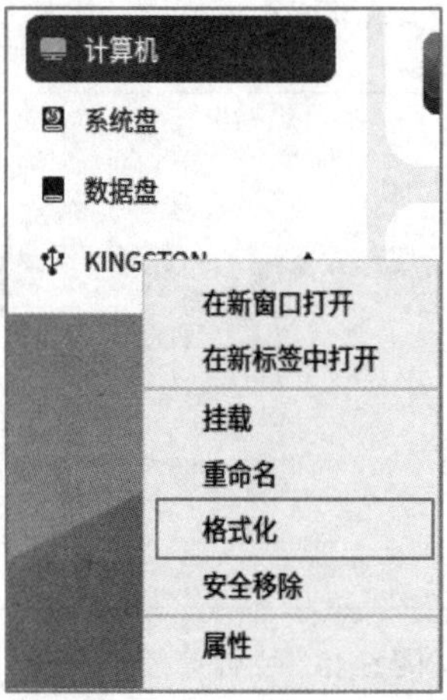

图 6-50　选择【格式化】命令

（3）在格式化界面中设置格式化之后的文件类型和卷标后，单击【格式化】按钮，即完成 U 盘的格式化，如图 6-51 所示。

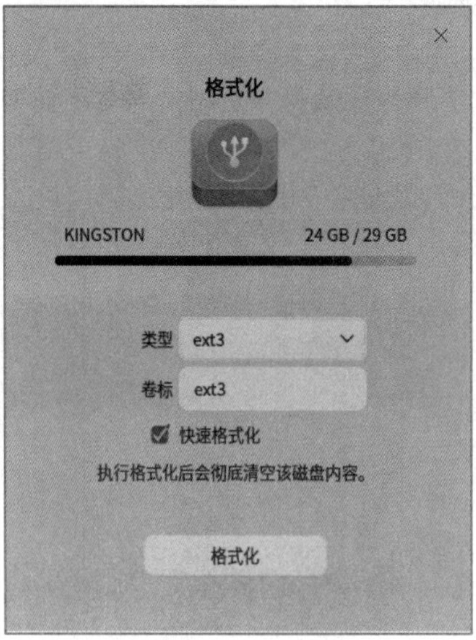

图 6-51　格式化 U 盘

说明：快速格式化虽然速度快，但是数据仍然可以通过工具被恢复，如果想要格式化后的数据无法被恢复，可以先取消勾选“快速格式化”复选框，然后执行格式化操作。

4. 蓝牙鼠标的管理

蓝牙能够实现短距离的无线通信。通过蓝牙可与附近的其他蓝牙设备连接，无须网络或连接线。常见的蓝牙设备包括蓝牙键盘、蓝牙鼠标、蓝牙耳机、蓝牙音响等。

1）修改蓝牙名称

（1）单击任务栏上的启动器图标，进入启动器界面。

（2）上下滚动鼠标滚轮浏览或通过搜索找到控制中心图标，单击运行控制中心。

（3）在控制中心首页，单击【蓝牙】图标。

（4）单击蓝牙名称旁的图标，输入本机新的蓝牙名称，如图 6-52 所示。

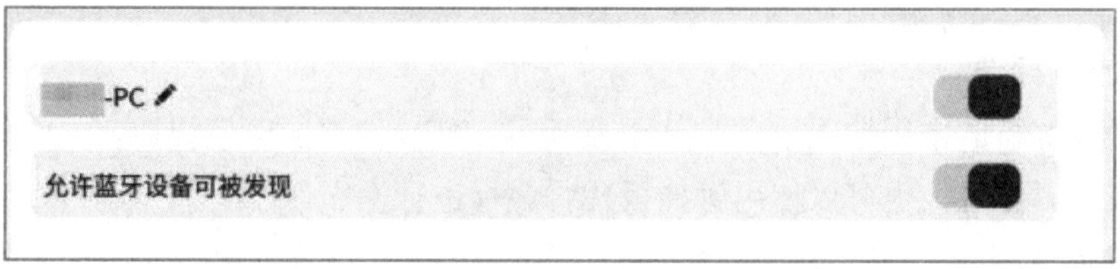

图 6-52　修改蓝牙名称

说明：① 如果控制中心已经固定在任务栏上，用户也可以通过单击任务栏上的控制中心图标使其运行。

② 大多数笔记本电脑都配备有蓝牙模块，用户只需开启蓝牙开关即可进行设备间的连接；而大部分台式计算机都没有配备蓝牙，用户需要单独购买蓝牙适配器，插入到计算机的 USB 端口中使用。

2）连接蓝牙鼠标

（1）在控制中心首页，单击【蓝牙】图标。

（2）开启蓝牙后，系统将自动扫描附近的蓝牙设备，并显示在其他设备列表中，如图 6-53 所示。

（3）单击想连接的蓝牙设备，输入蓝牙配对码（若需要），配对成功后将自动连接。

（4）连接成功后，蓝牙设备会添加到设备列表中。

（5）在设备列表中单击该设备，用户可以断开连接，或修改设备名称。

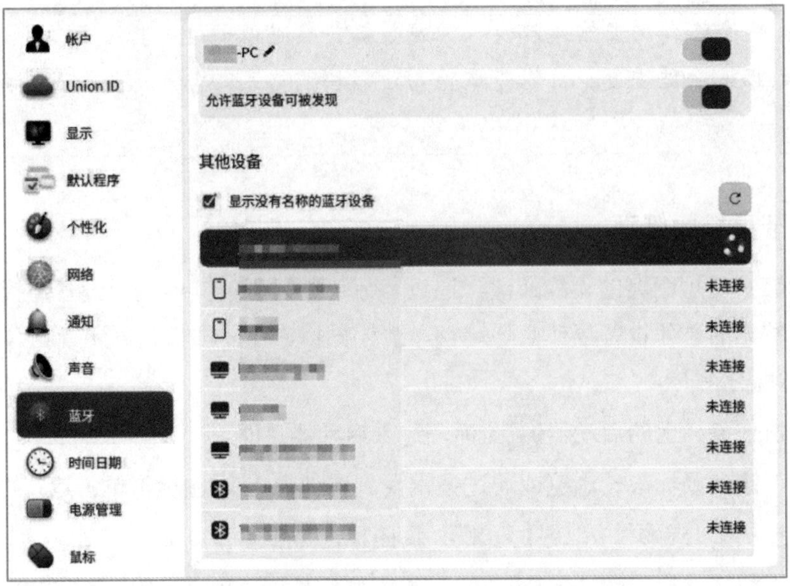

图 6-53　其他设备列表

3）设置鼠标

鼠标是计算机的常用输入设备，使用鼠标可以使操作更加简便快捷。对于笔记本电脑用户，当没有鼠标时，也可以使用触控板代替鼠标进行操作。

通用设置：

（1）在控制中心首页，单击图标。

（2）单击【通用】图标，可以开启左手模式，调节鼠标和触控板的滚动速度、双击速度。

> 说明：开启左手模式后，鼠标和触控板的左右键功能互换。

鼠标设置：插入或连接鼠标后，在控制中心进行相关设置，用户可以根据自己的使用习惯进行设置。

（1）在控制中心首页，单击图标。

（2）单击【鼠标】图标，可通过调节指针速度来控制鼠标移动时指针移动的速度，如图 6-54 所示。

（3）单击自然滚动 / 鼠标加速开关，开启相应功能。

> 说明：① 当没有触控板时，界面不会显示“插入鼠标时禁用触控板”。
>
> ② 鼠标加速功能开启后，可提高指针精确度，鼠标指针在屏幕上的移动距离会根据移动速度的加快而增加。可以根据使用情况开启或关闭该功能。
>
> ③ 自然滚动功能开启后，鼠标滚轮向下滚动，内容会向下滚动；鼠标滚轮向上滚动，内容会向上滚动。

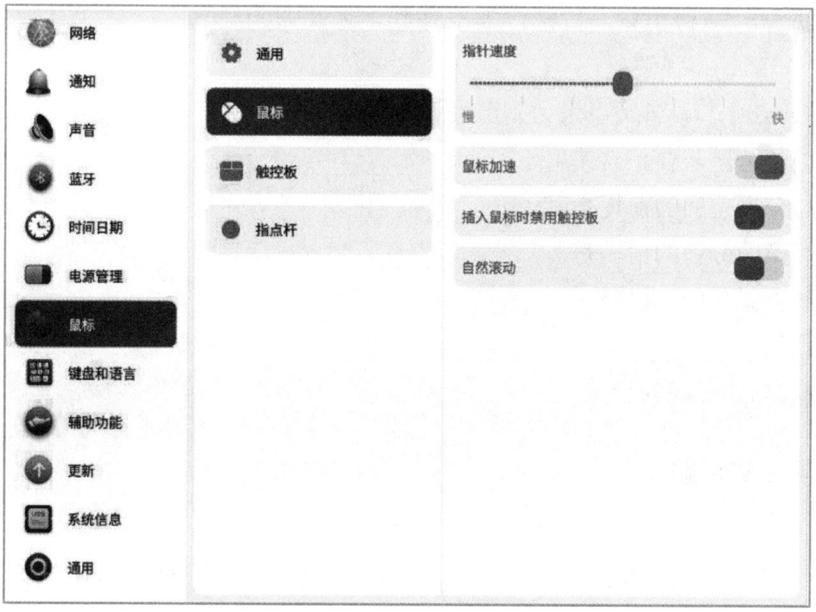

图 6-54　鼠标设置界面

任务验证

员工若能在 UOS 环境中正常使用打印机打印文档、用扫描仪扫描文件，并能熟悉 U 盘和蓝牙鼠标的基本操作，即此任务完成。

练习与实践 6

一、理论习题

1.（单选）下面哪个说法是正确的？（　　）

A．一个硬盘只有一个扩展分区　　B．一个扩展分区只有一个逻辑分区

C．一个硬盘最多可以有 3 个主分区　　D．一个硬盘必须要有一个扩展分区

2.（多选）下面说法正确的是？（　　）

A．格式化不会导致磁盘中的文件被清除

B．/user 目录用于存放普通用户的数据

C．/etc 目录用来存放各种配置文件

D．用户将磁盘格式化完成后可以立即使用

E．/dev 目录用来保存设备文件

F．格式化可以把分区格式化成不同的文件系统

3．磁盘分为多种类型，按接口类型来分，可以分为 ________、________、________、________、________ 型硬盘。

4．在 Linux 中，设备类型为 sd 是用来标识 ________、________、________ 类型的硬盘。

5．新建的分区若要正常使用还需要 ________________。

6．调整分区空间的前提是 ________________。

7．使用隐藏分区的前提是 ________________。

8．分区格式化的前提是 ________________。

9．可通过 __________、__________、__________ 几种方式查找到对应的打印机。

10．简述新建分区的步骤。

二、项目实训题

1．项目背景

Jan16 公司信息中心的员工小王由于工作原因，其办公使用的 UOS 中的数据盘存储了大量工作文件从而导致数据盘空间不足，幸好小王计算机数据盘所在的磁盘还有未分配的空间 50GB，因此小王打算把未分配的空间扩容到数据盘。此外，新来的员工小宋使用的 UOS 并未连接公司的打印机、扫描仪等外设设备，造成了打印文件和扫描文件的不方便。

2．项目要求

（1）对小王使用的 UOS 上的数据盘进行扩容，把剩余空间 50GB 扩容到数据盘。

（2）对小宋的 UOS 进行设置，以连接到打印机和扫描仪。通过 IP 查找到打印机，安装打印机驱动后打印测试页测试是否安装成功。通过手动安装扫描仪驱动的方式连接扫描仪。

项目 7　系统维护

项目学习目标

项目课件　项目微课

知识目标：

（1）了解 UOS 的系统维护方法；

（2）了解 UOS 设备管理器的组成 。

能力目标：

（1）能使用设备管理器管理设备；

（2）能使用系统监视器监视系统性能；

（3）能进行系统的备份与还原。

素质目标：

（1）通过学习国产自主可控软硬件研发案例，树立职业荣誉感、爱国意识和创新意识；

（2）通过 UOS 与 Windows 操作系统功能的对比分析，激发创新和创造意识；

（3）树立网络安全、信息安全意识。

项目描述

Jan16 公司信息中心由信息中心主任黄工、系统管理组赵工和宋工 3 位工程师组成，组织架构图如图 7-1 所示。

图 7-1　Jan16 公司信息中心组织架构图

信息中心办公网络拓扑如图 7-2 所示，PC1、PC2、PC3 均采用国产鲲鹏主机，且已经安装了 UOS 并完成了相关配置和软件的安装，项目概况如下。

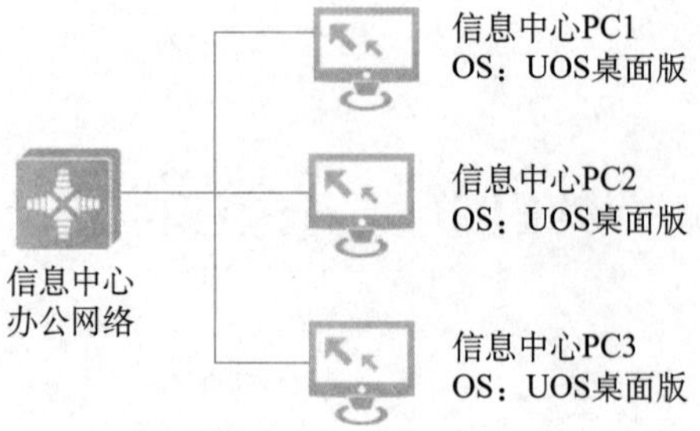

图 7-2　Jan16 公司信息中心办公网络拓扑

为了能更好地进行日常办公，PC1、PC2、PC3 均需进行系统维护，需要使用设备管理器管理设备，需要使用系统监视器优化系统性能，出现异常时还需要进行系统的备份与还原。

项目分析

在 UOS 环境中，通过管理磁盘数据和各种外部设备，可以更好地使用计算机进行日常办公。

因此，本项目需要工程师熟悉系统维护的方法，会熟练使用设备管理器、系统监视器，能根据情况进行系统的备份与还原。本项目涉及以下工作任务。

（1）使用设备管理器管理设备；

（2）使用系统监视器监视系统性能；

（3）系统的备份与还原。

相关知识

7.1　设备管理器

计算机由多种硬件组合而成，包括存储器、运算器、控制器及输入 / 输出设备，每种硬件都有许多品牌和型号。使用统信 UOS 预装的设备管理器，可以方便地查看和管理硬件设备，还可进行参数状态查看、数据信息导出等操作。

7.2　进程介绍

进程（Process）是计算机中已运行程序的实体，是程序的一个具体实现。每个 Linux 进程在被创建的时候，都会被分配一段内存空间，即系统给该进程分配的逻辑地址空间。

- 每个进程都有一个唯一的进程 ID（PID），用于追踪该进程。
- 任何进程都可以通过复制自己地址空间的方式（fork）创建子进程，子进程中记录着父进程的 ID（PPID）。
- 第一个系统进程是 systemd，其他所有进程都是其后代。

7.3　进程的优先级

进程的 CPU 资源（时间片）分配是指进程的优先级（priority），优先级高的进程有优先执行的权利。配置进程的优先级对多任务环境下的 Linux 很有用，可以改善系统性能。

- PRI，即进程的优先级，表示程序被 CPU 执行的先后顺序，值越小进程的优先级别越高；
- NI，即 nice 值，表示进程可被执行的优先级的修正数值，可理解为“谦让度”；
- 进程的 nice 值不是进程的优先级，但是可以通过调整 nice 值来影响进程的优先级。

任务 7-1　使用设备管理器管理设备

任务规划

设备管理器是查看和管理硬件设备的工具，可针对运行在操作系统上的硬件设备进行参数状态的查看、数据信息的导出等，还可以禁用或启动部分硬件驱动。

为了能更好地进行日常办公，Jan16 公司信息中心的办公 PC1、PC2、PC3 均需进行系统维护。

为满足公司信息中心对 UOS 的日常管理，需要使用设备管理器对系统进行管理与维护。

任务实施

使用设备管理器管理设备

1. 运行设备管理器

（1）单击任务栏上的启动器图标，进入启动器界面。

（2）上下滚动鼠标滚轮浏览或通过搜索找到设备管理器，并单击运行。

（3）鼠标右击设备管理器按钮，在快捷菜单中进行相应操作。

● 选择【发送到桌面】命令，在桌面创建设备管理器快捷方式。

● 选择【发送到任务栏】命令，将设备管理器固定到任务栏。

● 选择【开机自动启动】命令，将设备管理器添加到开机启动项，在计算机开机时自动运行该应用程序，如图 7-3 所示为设备管理器的右键快捷菜单。

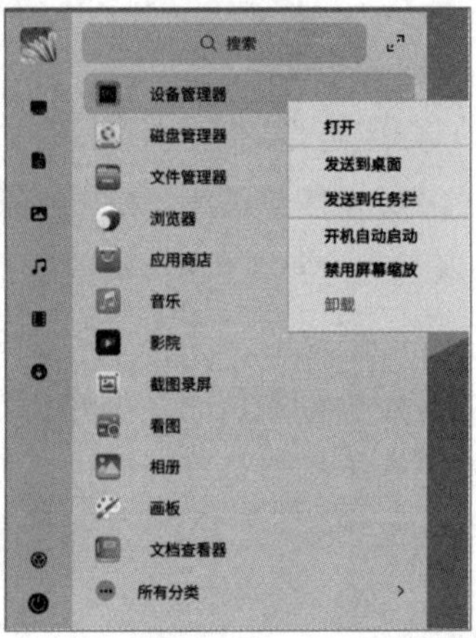

图 7-3　设备管理器的右键快捷菜单

2. 关闭设备管理器

（1）在设备管理器界面，单击 × 图标，退出设备管理器。

（2）右击任务栏上的图标，在快捷菜单中选择【关闭所有】命令退出设备管理器。

（3）在设备管理器界面单击 ≡ 图标，选择【退出】选项退出设备管理器。

3. 查看并管理硬件信息

（1）在启动器界面，上下滚动鼠标滚轮浏览或通过搜索设备管理器，单击设备管理器图标，进入设备管理器界面。

（2）设备管理器界面默认显示概况信息，包括处理器、主板等硬件列表，以及对应的品牌、名称、型号等信息，如图 7-4 所示。

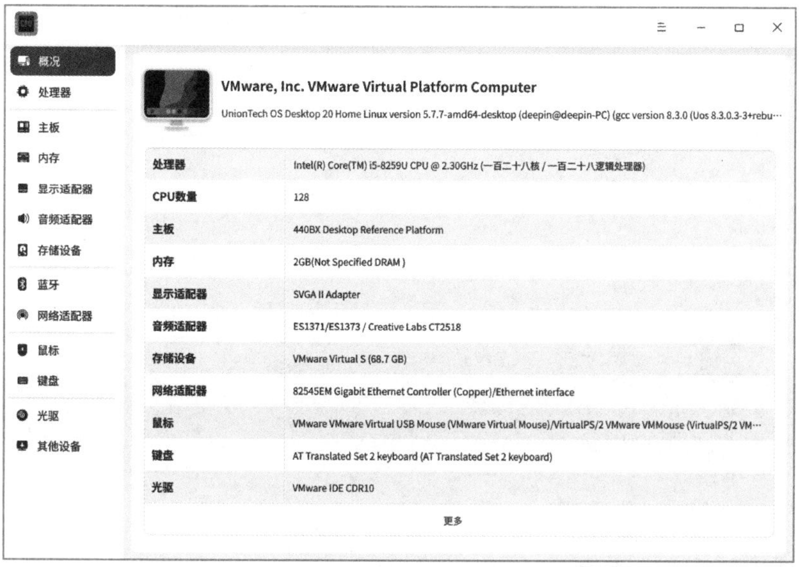

图 7-4　设备管理器界面

（3）单击左侧导航栏中的处理器、主板、内存、网络适配器等选项，可查看对应的设备信息及设备详情。

例如：查看处理器信息，操作过程如下。

① 在设备管理器界面，单击【处理器】选项。

② 界面显示处理器列表，以及所有处理器的详细信息，如名称、制造商、架构及型号等，如图 7-5 所示。

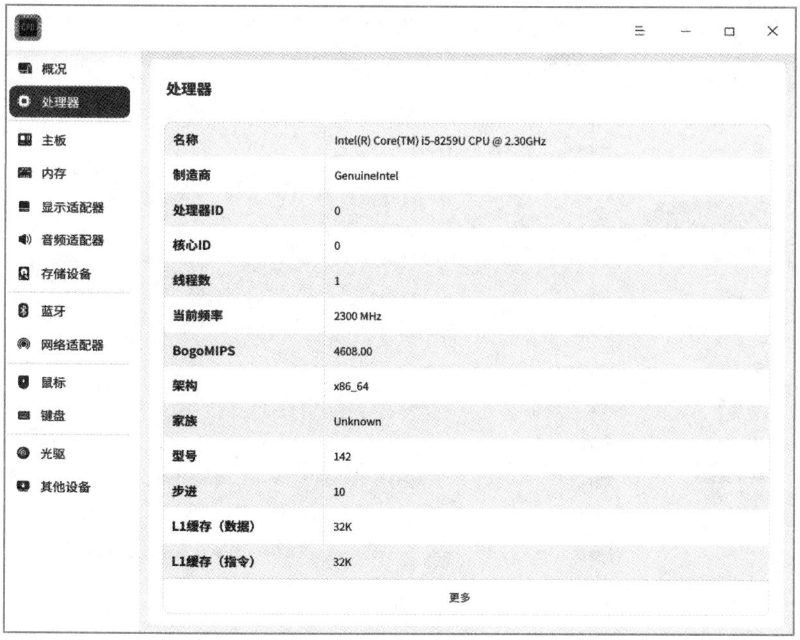

图 7-5　处理器的详细信息

③ 鼠标右击处理器详细信息界面，通过快捷菜单可以复制、刷新、导出相关信息，如图 7-6 所示。

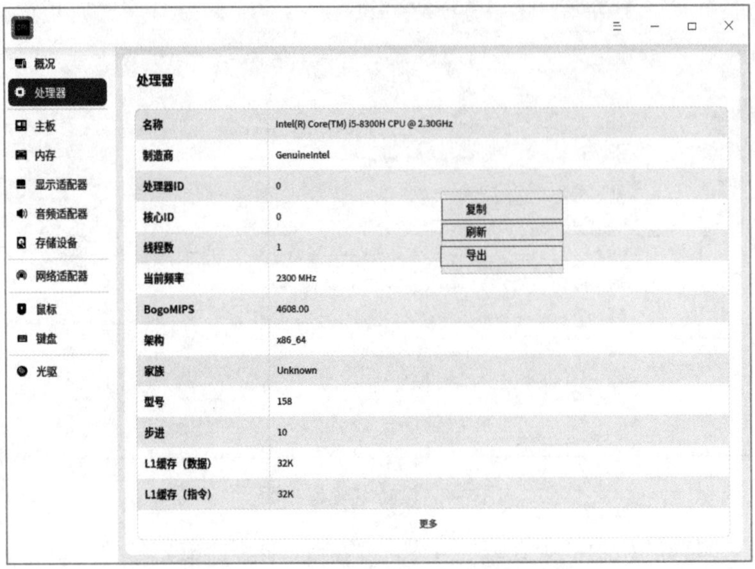

图 7-6　处理器详细信息界面右键快捷菜单

下面以音频适配器为例，演示查看并管理音频适配器的相关操作。

① 在设备管理器界面，单击【音频适配器】选项。

② 界面显示音频适配器的名称、制造商、型号及版本等信息，如图 7-7 所示。。

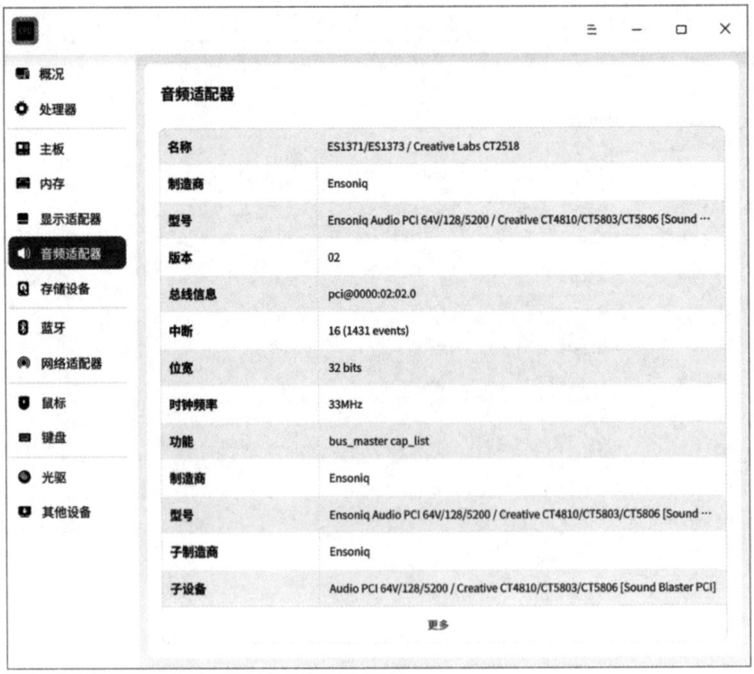

图 7-7　音频适配器的详细信息

③ 在设备详细信息区域，单击右键，弹出如图 7-8 所示的快捷菜单。

选择【复制】命令：可复制光标选中的内容。

选择【禁用】命令：可禁用或启用部分硬件驱动，可根据右键快捷菜单命令项判断硬件设备是否支持禁用功能。

选择【刷新】命令：将重新加载操作系统当前所有设备的信息，快捷键为 F5。

选择【导出】命令：将设备信息导出到指定的文件夹，支持导出 txt/docx/xls/html 格式。

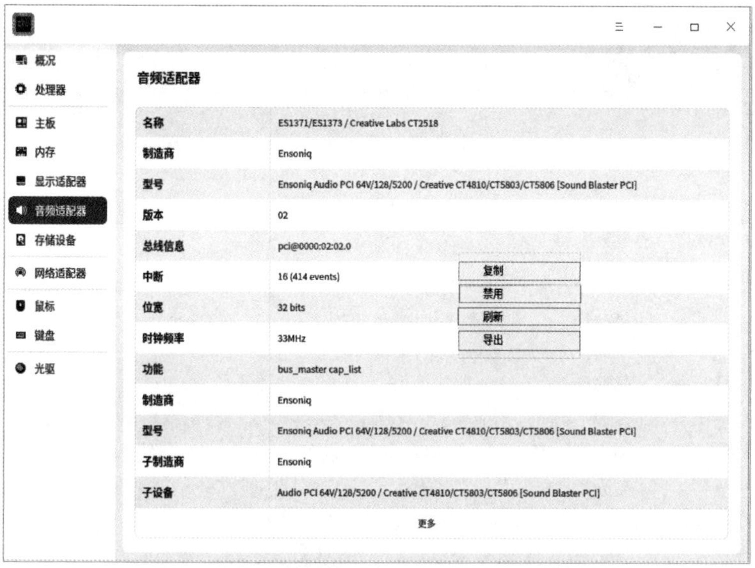

图 7-8　音频适配器详细信息界面右键快捷菜单

设备管理器左侧的导航栏中还有其他选项，详细内容如表 7-1 所示。

表 7-1　设备详情

导航栏	信息显示栏
概况	设备、操作系统、处理器硬件列表
处理器	处理器的详细信息，包含名称、制造商、架构及型号等信息
主板	主板、内存插槽、系统、BIOS 及机箱等信息
内存	内存的型号、制造商、大小、类型、容量及速度等信息
存储设备	存储设备的型号、制造商、介质类型、容量及速度等信息
显示适配器	显示设备的名称、制造商、显存、分辨率及驱动程序等信息
显示设备	显示设备的名称、制造商、物理地址及速度等信息
网络适配器	网络设备的名称、制造商、物理地址及速度等信息
音频适配器	音频适配器列表和音频适配器的详细信息，如名称、制造商、总线信息、位宽及驱动程序等
蓝牙	蓝牙设备的名称、制造商、物理地址及连接模式等信息
键盘	键盘的名称、制造商、总线信息、类型及驱动程序等信息
鼠标	鼠标的名称、总线信息、类型、驱动程序及速度等信息
光驱	光驱设备的型号、制造商及类型等信息

任务验证

使用设备管理器对系统进行管理与维护。

（1）运行设备管理器，查看并管理硬件信息，设备管理器界面默认显示概况信息，如图 7-9 所示。

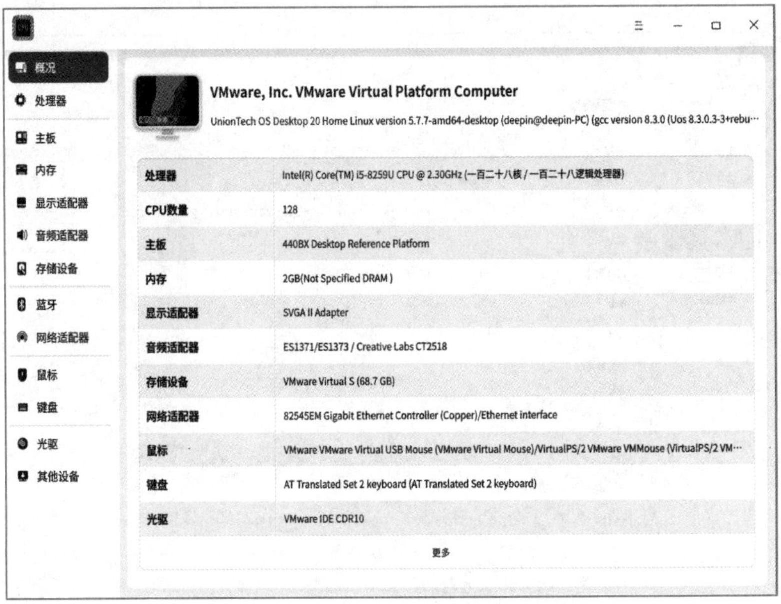

图 7-9　设备管理器默认显示界面

（2）查看处理器信息，如图 7-10 所示。

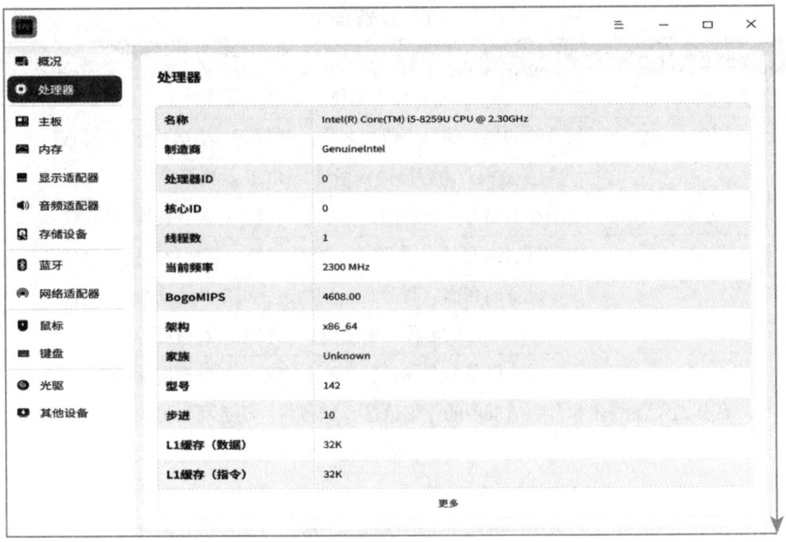

图 7-10　处理器信息界面

任务 7-2　使用系统监视器监视系统性能

任务规划

系统监视器是一个对硬件负载、程序运行及系统服务进行监测和管理的系统工具。系统监视器可以实时监控处理器状态、内存占有率、网络上传 / 下载速度等，还可以管理程序进程和系统服务，支持搜索和强制结束进程。

为了能更好地进行日常办公，需对 Jan16 公司信息中心的 PC1、PC2、PC3 进行系统维护。

为满足公司信息中心对 UOS 的日常管理，需要使用系统监视器监视并优化系统性能，可通过以下操作步骤实现。

（1）搜索进程；

（2）硬件监控；

（2）程序进程管理。

使用系统监视器监视系统性能

任务实施

1. 搜索进程

（1）单击任务栏上的启动器图标，打开启动器界面，如图 7-11 所示。

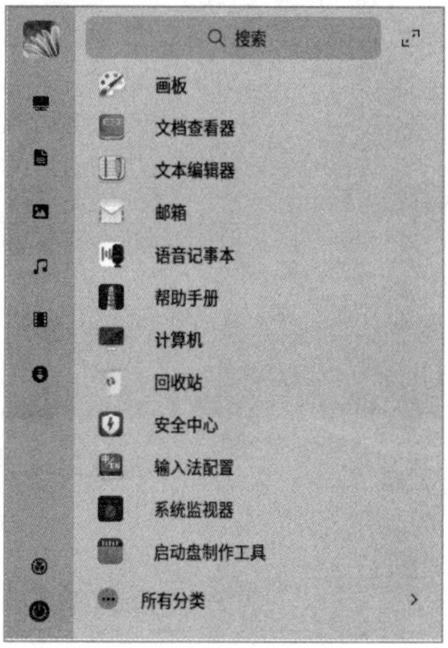

图 7-11　启动器界面

（2）上下滚动鼠标滚轮浏览或通过搜索找到系统监视器，并单击运行，打开的系统监视器主界面如图 7-12 所示。

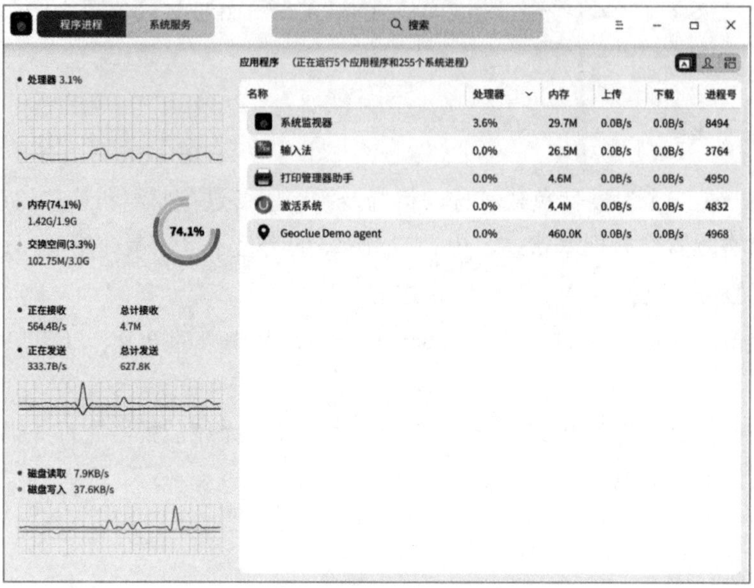

图 7-12　系统监视器主界面

（3）在系统监视器主界面中可以通过顶部的搜索框搜索想要查看的应用进程，具体操作步骤如下。

在系统监视器主界面顶部的搜索框中单击搜索按钮 ，然后通过输入关键字来搜索进程，如图 7-13 所示。

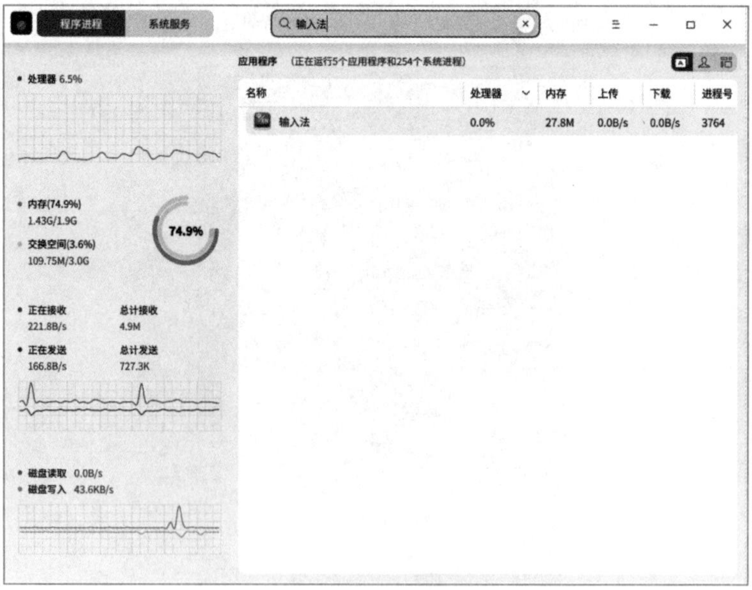

图 7-13　搜索进程界面

（4）输入内容后即可快速定位搜索结果。

● 当搜索到匹配的信息时，界面会显示搜索的结果列表；

● 当没有搜索到匹配的信息时，界面会显示“无搜索结果”，如图 7-14 所示。

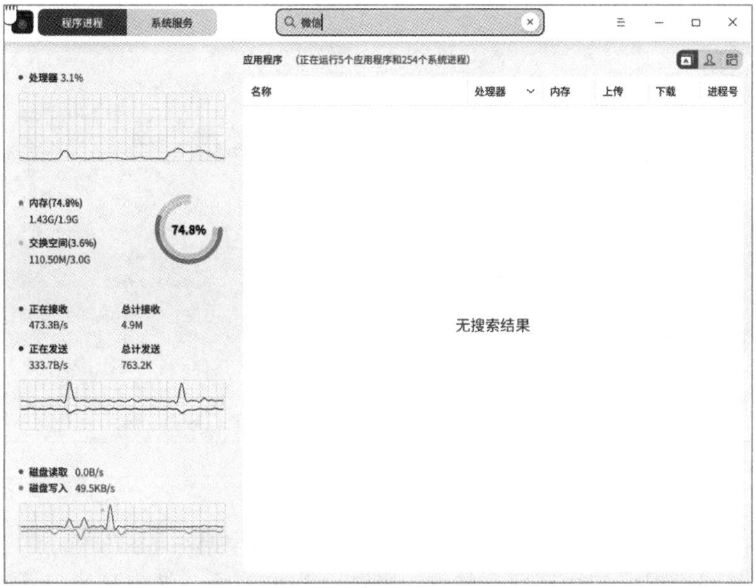

图 7-14　搜索结果界面

2. 硬件监控

系统监视器可以实时监控计算机的处理器、内存及网络等的状态。

系统监视器主界面的处理器监控区域使用数值和图形实时显示处理器的占有率，通过圆环或波形显示最近一段时间处理器的占有趋势。单击 ≡ 按钮，通过主菜单下的【视图】子菜单可以进行紧凑视图和舒展视图切换，如图 7-15 所示。

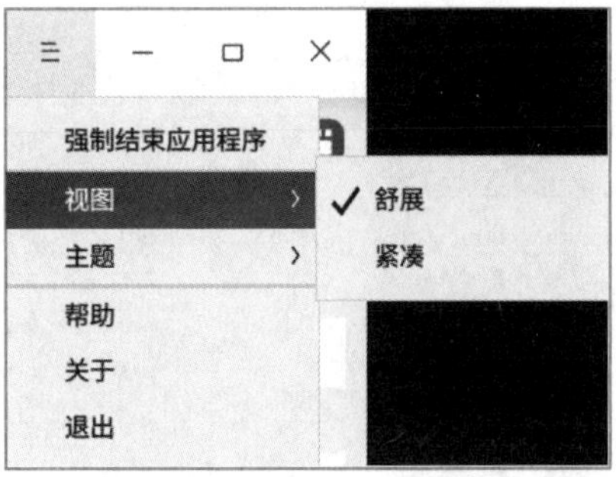

图 7-15 【视图】子菜单

● 在紧凑视图下，使用示波图和百分比数字显示处理器的运行负载。示波图显示最近一段时间处理器的运行负载情况，曲线会根据波峰、波谷高度自适应示波图的高度，如图 7-16 所示。

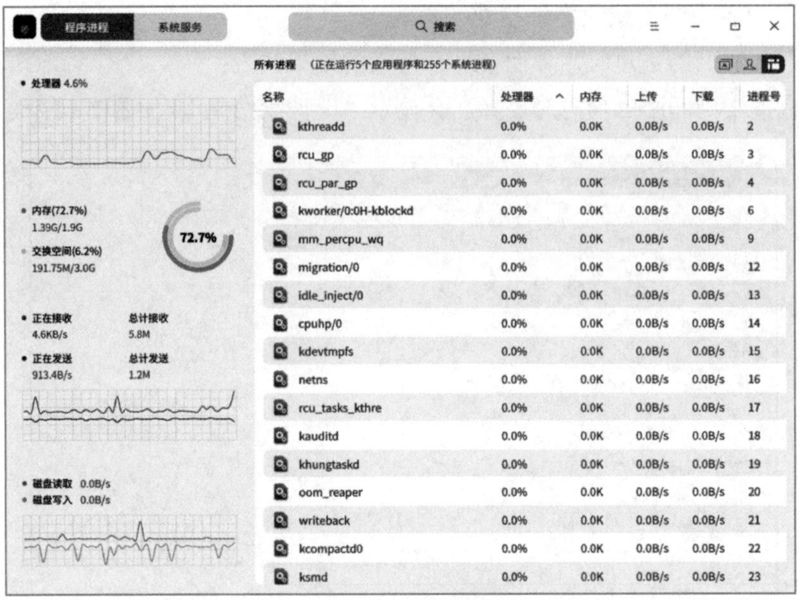

图 7-16　紧凑视图

● 在舒展视图下，使用圆环图和百分比数字显示处理器的运行负载。圆环中间的曲线显示最近一段时间处理器的运行负载情况，曲线会根据波峰、波谷高度自适应圆环内部的高度，如图 7-17 所示。

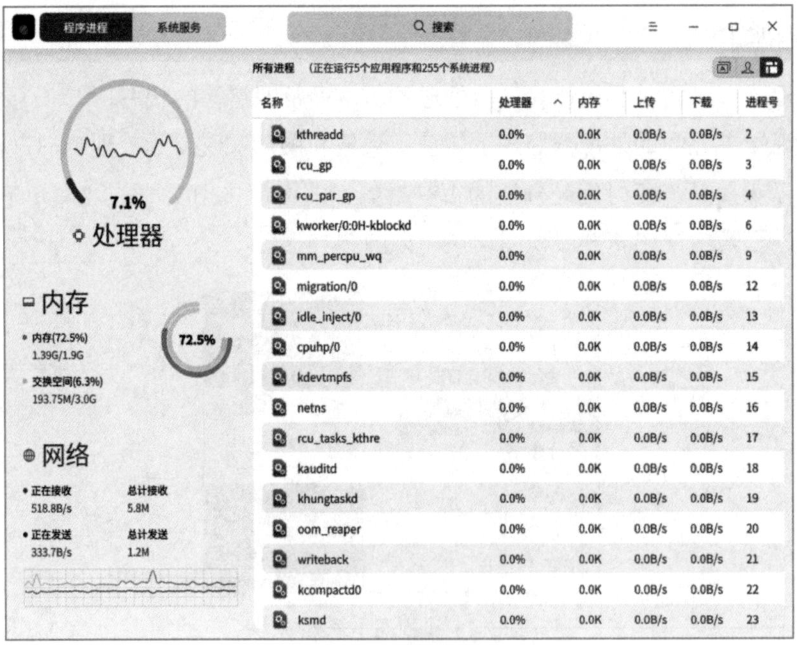

图 7-17　舒展视图

内存监控区域使用数字和图形实时显示内存占有率，此外还显示内存总量和当前占有量、交换分区内存总量和当前占有量。

网络监控区域可以实时显示当前网络的上传 / 下载速度，还可以通过波形显示最近一段时间上传 / 下载速度的趋势。

磁盘监控区域可以实时显示当前磁盘的读取 / 写入速度，还可以通过波形显示最近一段时间磁盘读取 / 写入速度的趋势。

3. 程序进程管理

1）切换进程界面

在系统监视器主界面，单击右上角的图标，可切换到应用程序进程界面。单击图标，可切换到我的进程界面；单击图标，可切换到所有进程界面，如图 7-18 所示。

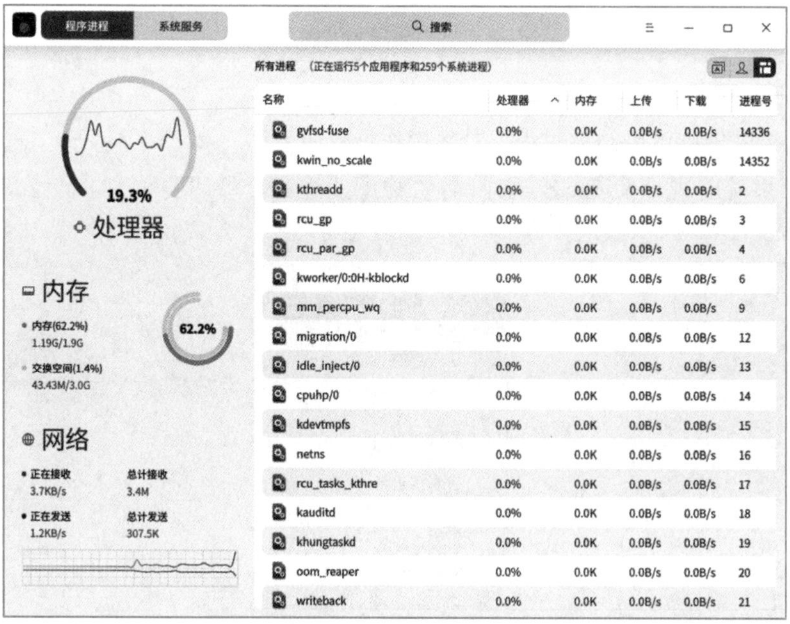

图 7-18　切换进程界面

2）调整进程排序

进程列表可以根据名称、处理器、用户、内存、上传、下载、磁盘读取、磁盘写入、进程号、nice 及优先级等进行排列。

在系统监视器主界面单击进程列表顶部的标签，进程会按照对应的标签排序；双击可以切换升序和降序。

在系统监视器主界面右击进程列表顶部的标签栏即可打开如图 7-19 所示的快捷菜单，取消勾选某个命令项可以隐藏一个队列，再次勾选可以恢复显示。

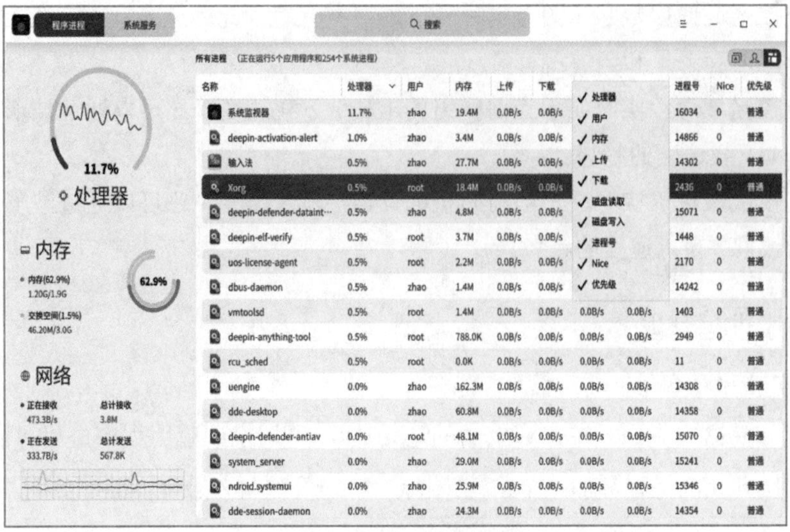

图 7-19　进程列表图示

3）结束进程

在系统监视器中可以结束进程，具体操作步骤如下。

（1）在系统监视器主界面，右击需要结束的进程，即可打开如图 7-20 所示的快捷菜单。

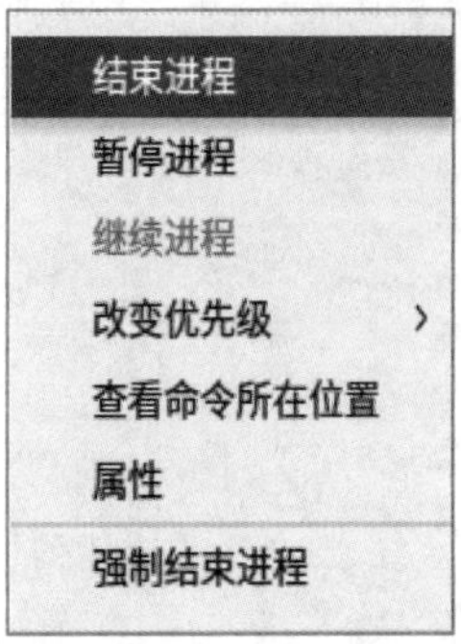

图 7-20　进程右键快捷菜单

（2）选择【结束进程】命令。

（3）在弹出的对话框中单击【结束进程】按钮，确认结束该进程，如图 7-21 所示。

4）结束应用程序

在系统监视器中可以结束应用程序，具体操作如下。

（1）在系统监视器主界面，单击主菜单 ≡ 图标。

（2）选择【强制结束应用程序】选项，即可打开如图 7-22 所示的强制结束进程提示对话框。

（3）在对话框单击【强制结束】按钮，确认结束该应用程序。

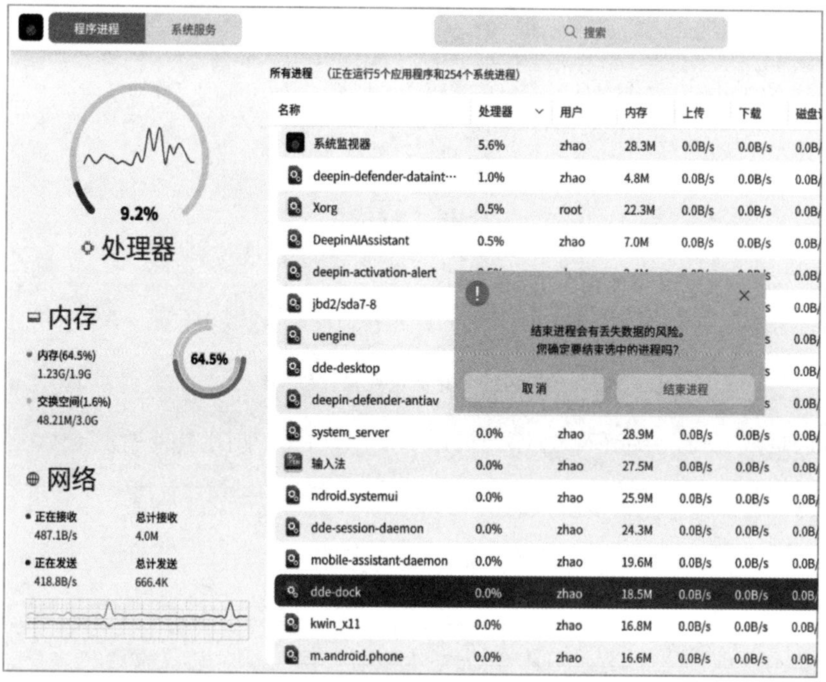

图 7-21　结束进程

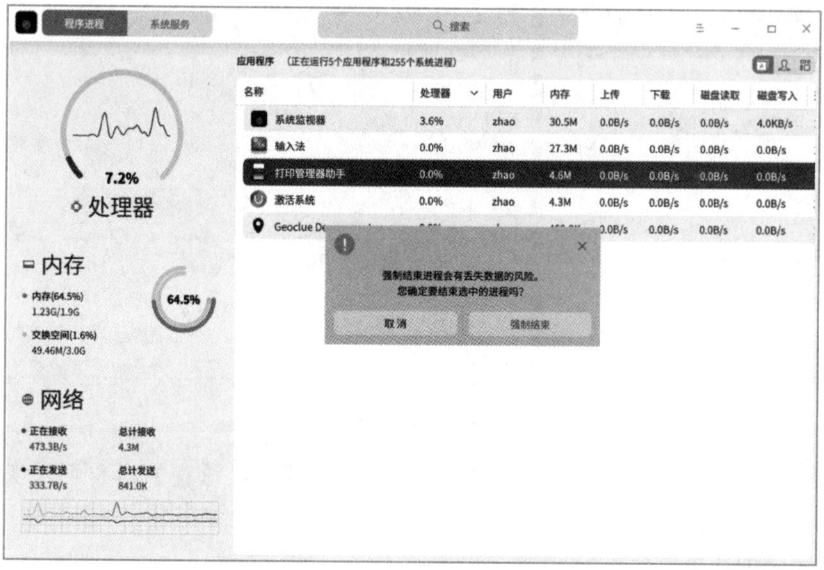

图 7-22　强制结束应用程序

5）暂停和恢复进程

在系统监视器中可以暂停和恢复进程，具体操作步骤如下。

（1）在系统监视器主界面，右击某个进程，在快捷菜单中选择【暂停进程】命令，如图 7-23 所示。

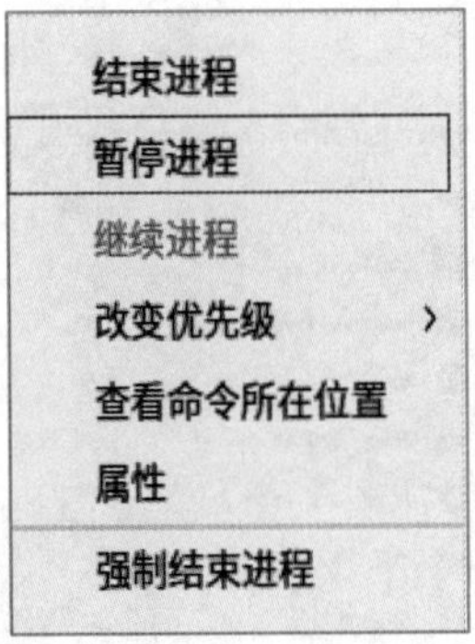

图 7-23　暂停进程操作图示

（2）被暂停的进程会带有“暂停”标记并变成红色，如图 7-24 所示。

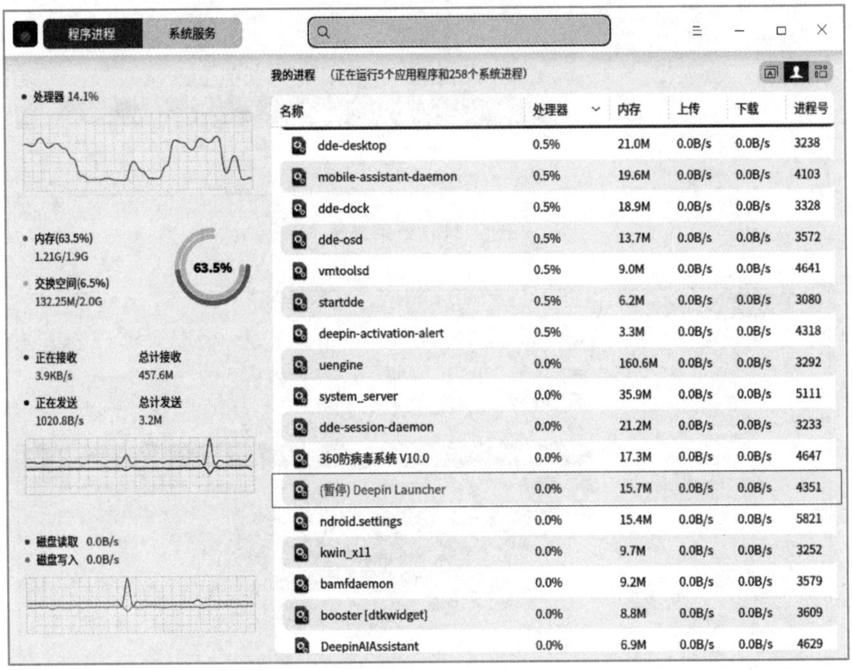

图 7-24　暂停进程的应用程序图示

（3）再次右击被暂停的进程，在快捷菜单中选择【继续进程】命令可以恢复该进程，如图 7-25 所示。

6）改变进程的优先级

在系统监视器中可以改变进程的优先级，具体操作如下。

在系统监视器主界面右击某个进程，在快捷菜单中选择【改变优先级】命令，选择一种优先级，如图 7-26 所示。

7）查看进程路径

通过系统监视器可以查看进行路径并打开进程所在的目录，具体操作如下。

在系统监视器主界面，右击某个进程，打开的快捷菜单如图 7-27 所示。

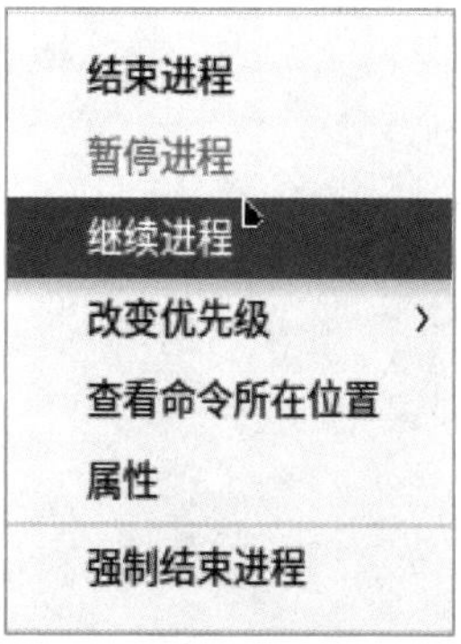

图 7-25　恢复进程操作图示

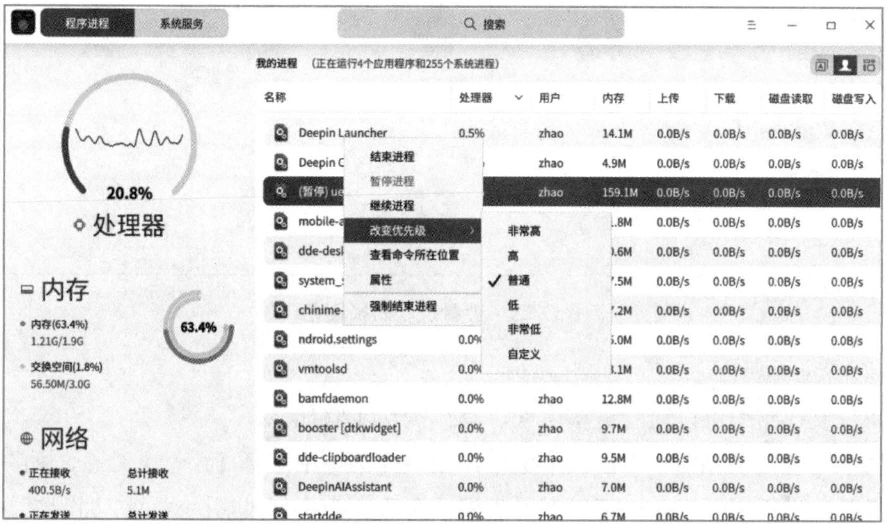

图 7-26　改变优先级

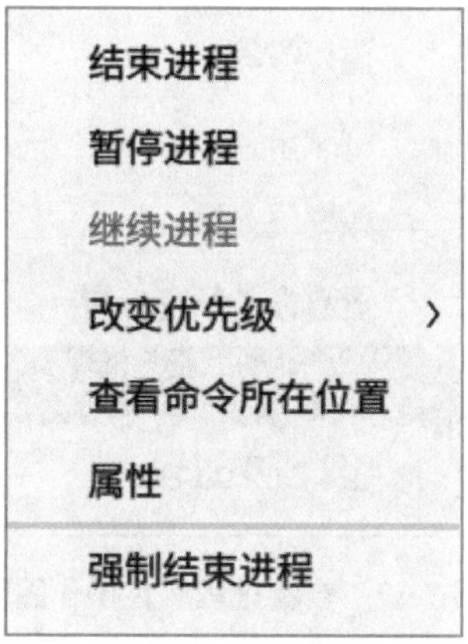

图 7-27　进程快捷菜单图示

选择【查看命令所在位置】命令，可以在文件管理器中打开该进程所在的目录，如图 7-28 所示。

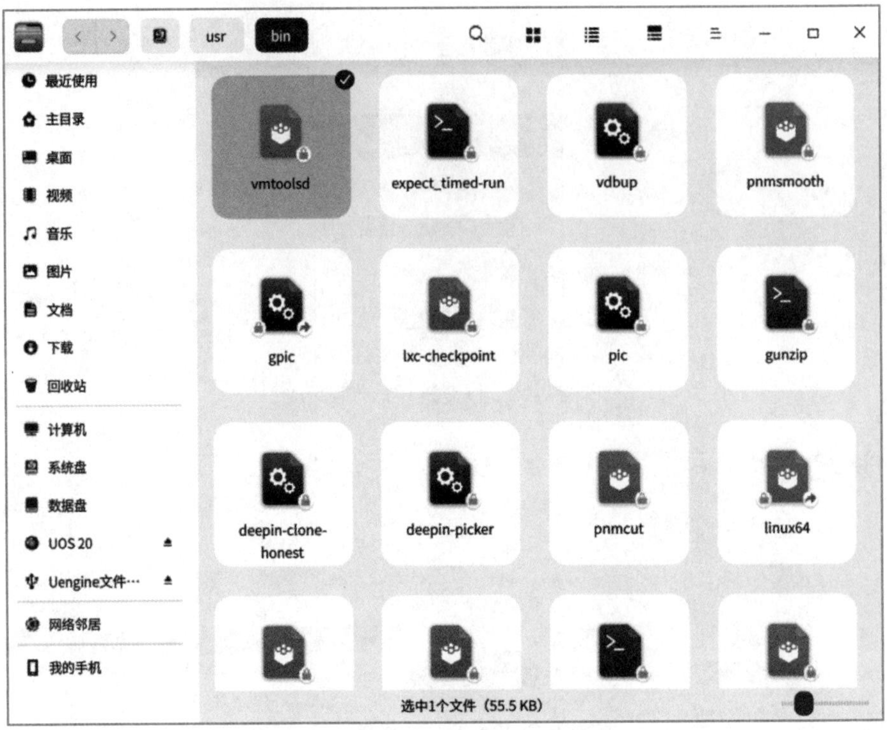

图 7-28　查看进程路径图示

8）查看进程属性

在系统监视器中可以查看进程属性，具体操作步骤如下。

在系统监视器主界面，右击某个进程，在快捷菜单中选择【属性】命令，如图 7-29 所示。在打开的进程属性界面中可以查看进程的名称、命令行及启动时间，如图 7-30 所示。

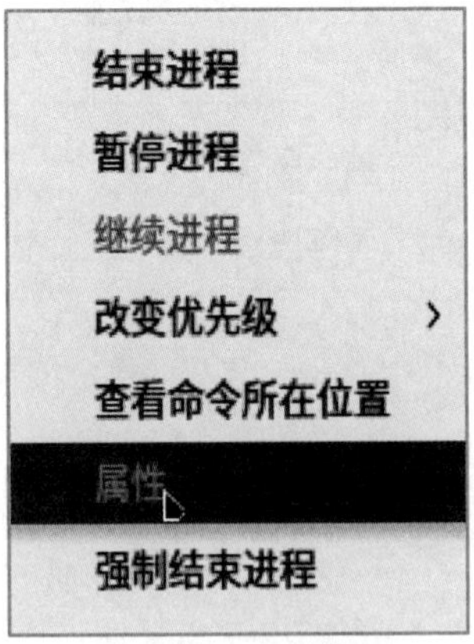

图 7-29　查看进程属性操作图示

图 7-30　进程属性界面

4. 系统服务管理

如图 7-31 所示，在系统监视器中查看系统服务，并对系统服务进行启动、停止、重新启动及刷新操作。

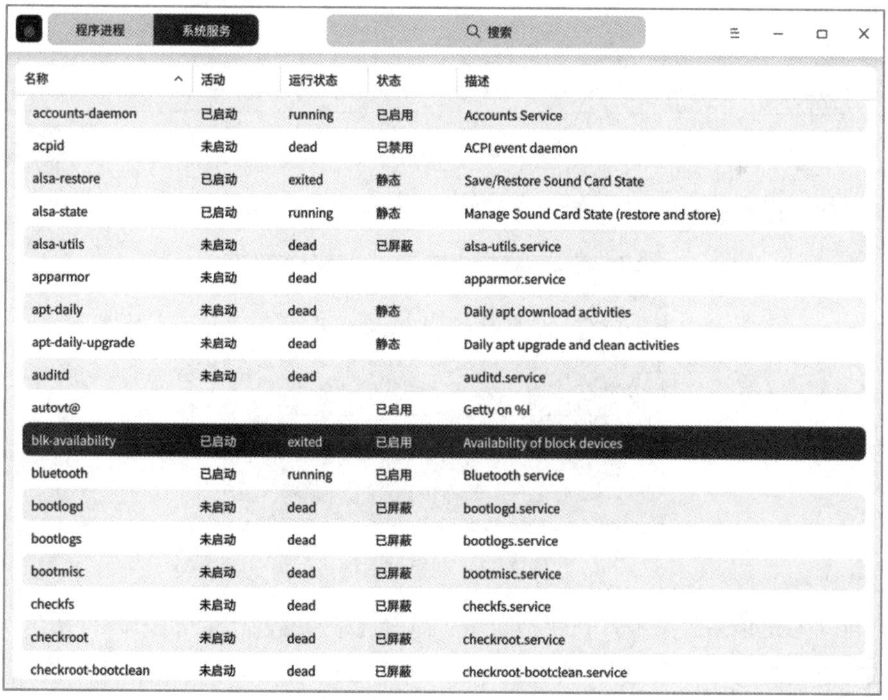
程序进程
系统服务
搜索
名称　活动　运行状态　状态　描述
accounts-daemon　已启动　running　已启用　Accounts Service
acpid　未启动　dead　已禁用　ACPI event daemon
alsa-restore　已启动　exited　静态　Save/Restore Sound Card State
alsa-state　已启动　running　静态　Manage Sound Card State (restore and store)
alsa-utils　未启动　dead　已屏蔽　alsa-utils.service
apparmor　未启动　dead　apparmor.service
apt-daily　未启动　dead　静态　Daily apt download activities
apt-daily-upgrade　未启动　dead　静态　Daily apt upgrade and clean activities
auditd　未启动　dead　auditd.service
autovt@　已启用　Getty on %I
blk-availability　已启动　exited　已启用　Availability of block devices
bluetooth　已启动　running　已启用　Bluetooth service
bootlogd　未启动　dead　已屏蔽　bootlogd.service
bootlogs　未启动　dead　已屏蔽　bootlogs.service
bootmisc　未启动　dead　已屏蔽　bootmisc.service
checkfs　未启动　dead　已屏蔽　checkfs.service
checkroot　未启动　dead　已屏蔽　checkroot.service
checkroot-bootclean　未启动　dead　已屏蔽　checkroot-bootclean.service

图 7-31　系统服务界面

启动系统服务的具体操作步骤如下。

（1）在系统监视器主界面，单击【系统服务】。

（2）选中某个未启动的系统服务，右击并在快捷菜单中选择【启动】命令，如图 7-32 所示。

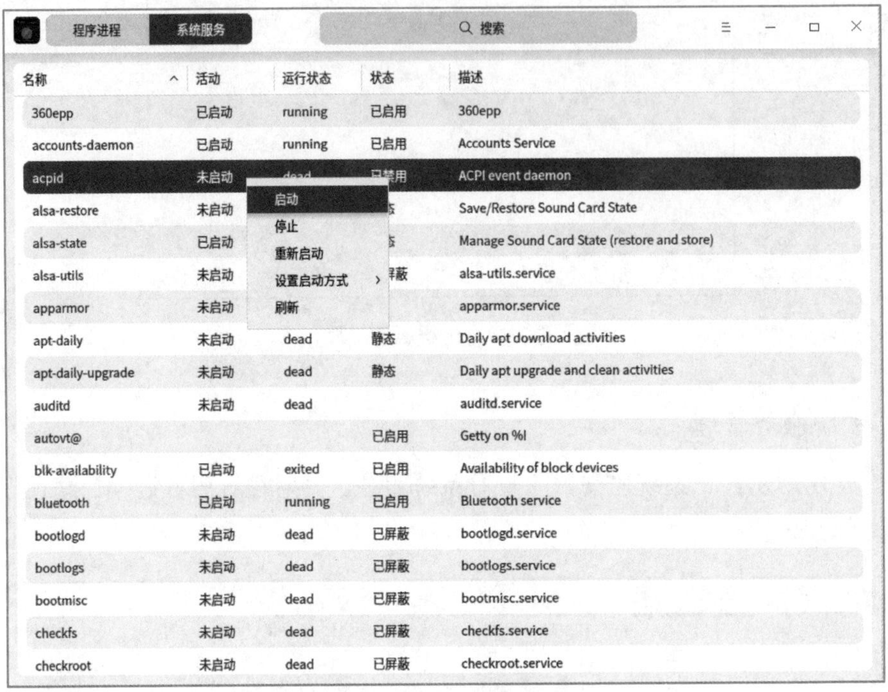

图 7-32　启动系统服务

（3）系统弹出授权对话框，需要输入密码，如图 7-33 所示。

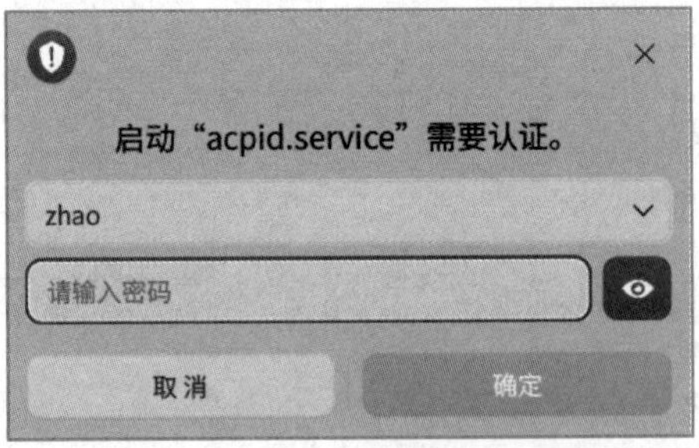

图 7-33　授权对话框

（4）再次右击该系统服务，在快捷菜单中选择【刷新】命令，如图 7-34 所示，其“活动”列的状态会变为“已启用”。类似地，还可以停止系统服务和重新启动系统服务。

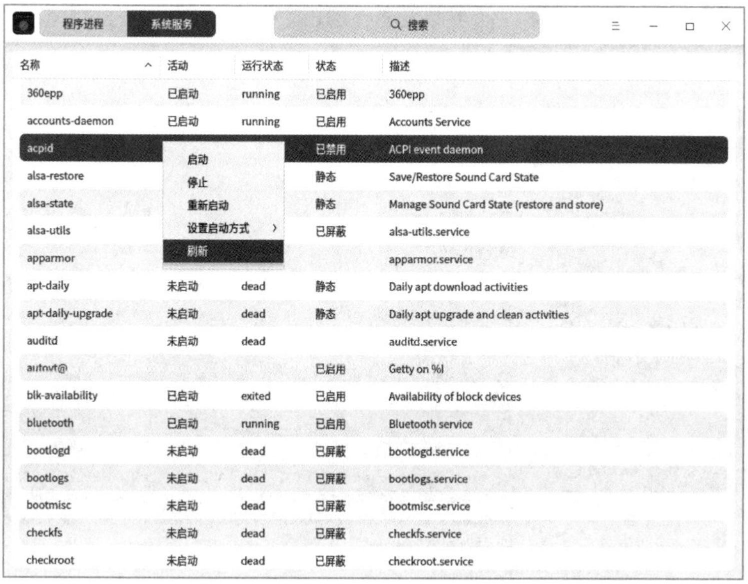

图 7-34　刷新系统服务

任务验证

为了验证系统监视器是否能监视系统性能，进行下述操作。

（1）进入系统监视器主界面，使用系统监视器监视搜索进程——输入法，搜索结果如图 7-35 所示。

图 7-35　查看输入法进程界面

（2）结束输入法进程，暂停、恢复该进程，并改变该进程的优先级，如图 7-36 和 7-37 所示。

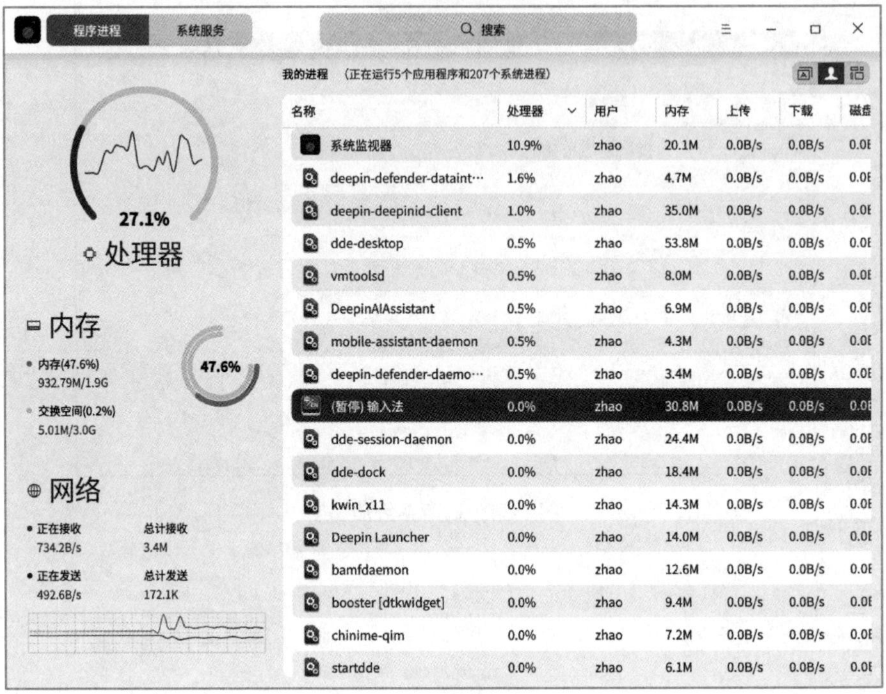

图 7-36　暂停进程

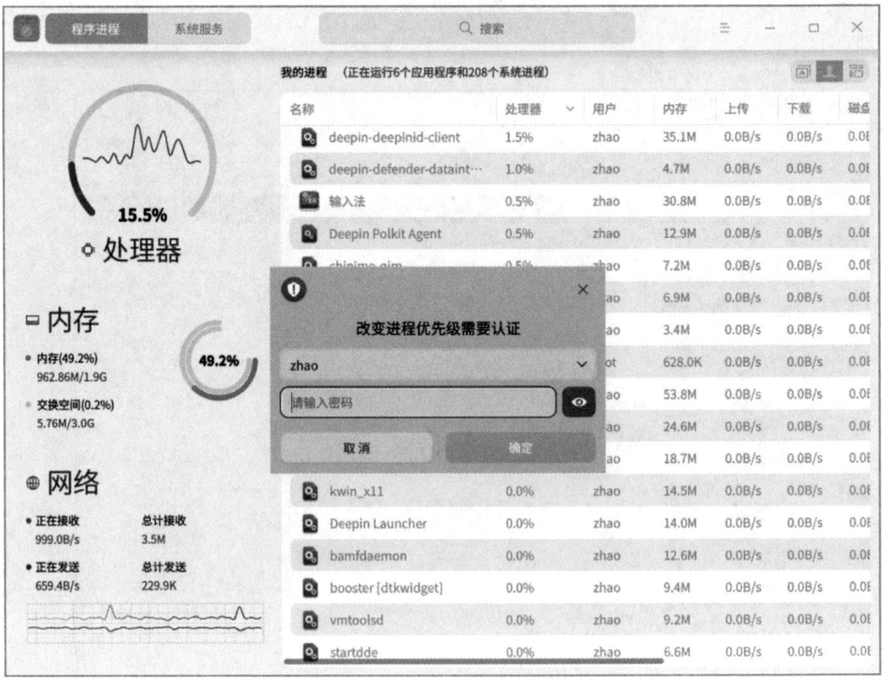

图 7-37　改变进程优先级

任务 7-3　系统的备份与还原

任务规划

为了避免因软件缺陷、硬件损毁、人为操作不当、黑客攻击、计算机病毒、自然灾害等因素造成数据的缺失或损坏，可以进行应用数据或系统数据的备份与还原，以保障系统的正常运行。

为了能更好地进行日常办公，Jan16 公司信息中心的 PC1、PC2、PC3 均需进行系统维护。本任务主要包括以下内容。

（1）系统的备份；

（2）系统的还原。

系统备份与还原

任务实施

1. 系统的备份

UOS 提供初始化备份、控制中心备份两种备份方式。

1）通过初始化进行备份

当系统安装完成后，系统会先自动创建恢复分区，再备份启动分区和根分区，并保存恢复分区信息及磁盘分区配置。

2）通过控制中心进行备份

用户既可以手动备份 / 手动恢复数据，也可以通过一键还原恢复数据。

（1）在控制中心首页，单击系统信息图标，打开系统信息界面。

（2）单击【备份 / 还原】选项，设置备份模式和备份文件的保存路径，然后单击【开始备份】按钮，如图 7-38 所示。

> 注意：备份模式包括全盘备份和系统备份。
>
> 全盘备份是备份全磁盘的系统文件和用户文件。系统备份是备份根分区、启动分区。
>
> 注意：全盘备份无法备份在自己本身的磁盘里，只能备份在其他存储介质中；系统备份设置了文件默认存放的位置，当存放空间不足时，用户可以手动更改备份文件的存放路径。

图 7-38　系统备份界面

（3）系统弹出备份或还原所有设置需要认证对话框，提示输入用户授权备份文件密码，输入密码后单击【确定】按钮，如图 7-39 所示。

说明：在备份文件的过程中，请不要拔掉电源或强行关机，以防止数据丢失或损坏。

图 7-39　系统备份认证

2. 系统的还原

UOS 的还原方式有两种，包括从 Grub 进入还原和控制中心还原。

1）从 Grub 进入还原

开机时，选择系统界面，单击【系统还原】选项，进行 UOS 的还原，如图 7-40 所示。

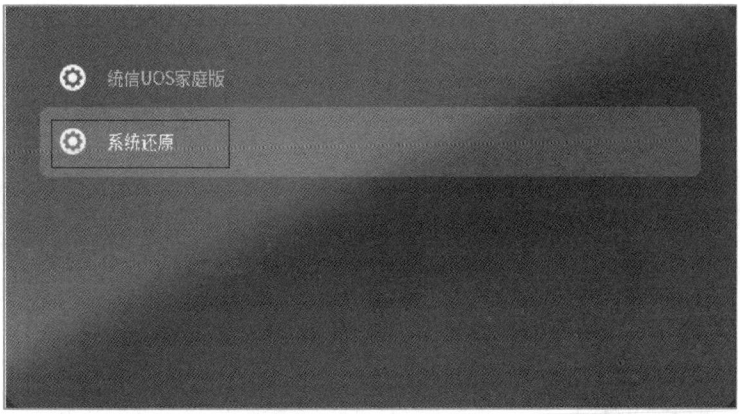

图 7-40　选择系统还原

在打开的还原界面中，用户可以选择【恢复出厂设置】单选按钮，读取恢复出厂设置的备份；也可以选择【自定义恢复】单选按钮，打开文件目录选取要还原的备份，如图 7-41 所示。

图 7-41　Grub 还原界面

2）通过控制中心进行还原

用户既可以通过恢复出厂设置，也可以自定义恢复还原前期备份的数据，具体操作如下。

① 在控制中心首页，单击系统信息图标，打开系统信息主界面。

② 单击【备份 / 还原】→【还原】，进入系统还原界面，如图 7-42 所示。

图 7-42　系统信息主界面

③ 选择【恢复出厂设置】单选按钮，选择是否勾选【保留个人数据】复选框后，单击【开始还原】按钮，在弹出的对话框中单击【确定】按钮即可完成数据的还原，如图 7-43 所示。

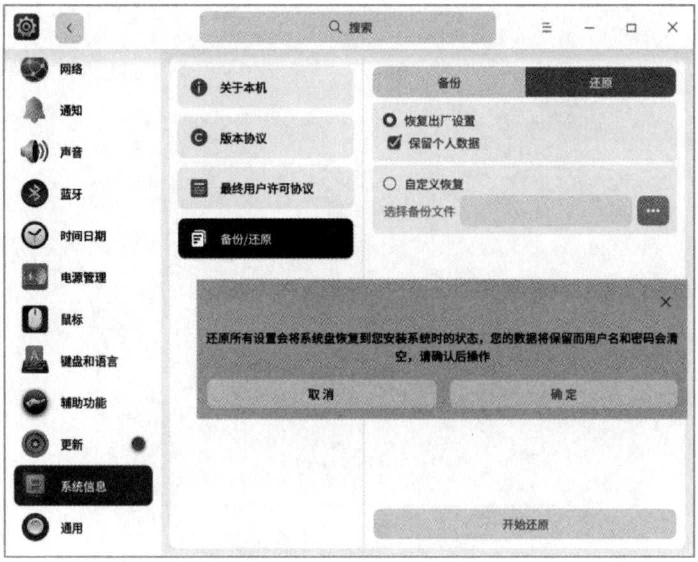

图 7-43　恢复出厂设置

④ 选择【自定义恢复】单选按钮，单击按钮，选择要还原的文件。

然后单击【开始还原】按钮，开始还原系统。最后，在弹出备份或还原所有设置需要认证对话框中输入密码进行数据的还原，如图 7-44 所示。

图 7-44　自定义恢复

任务验证

为了验证是否学会了对系统进行备份与还原，现进行下述操作。

（1）通过控制中心对 Jan16 公司赵工的计算机 UOS 进行系统备份，如图 7-45 所示。

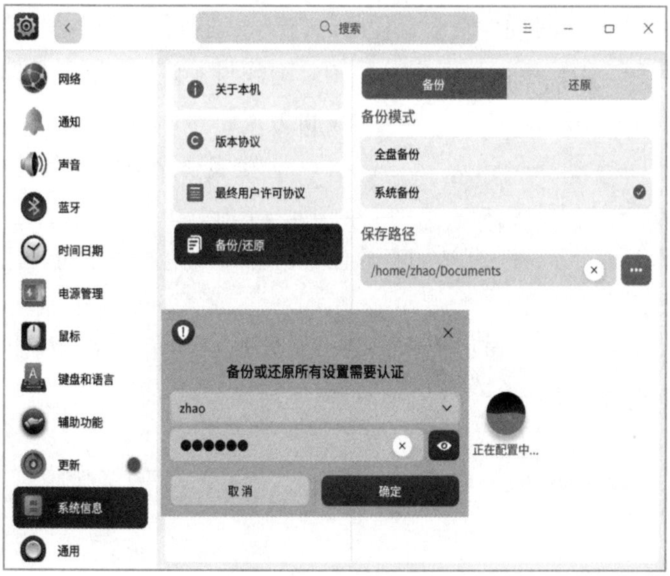

图 7-45　系统备份

（2）赵工的计算机由于系统崩溃需要还原 UOS，现通过控制中心进行系统还原，如图 7-46 所示。

图 7-46　系统还原

练习与实践 7

一、理论习题

1．系统监视器是一个对硬件负载、程序运行及系统服务进行（　　）的系统工具。

A．监测与管理　　B．运行与服务　　C．下载与上传　　D．打印与扫描

2．UOS 提供初始化备份、（　　）两种备份方式。

3．备份模式包括全盘备份和（　　）。（　　）是备份全磁盘的系统文件和用户文件，（　　）是备份根分区、启动分区。

4．（　　）备份设置了文件默认的存放位置，当存放空间不足时，用户可以手动更改备份文件的存放路径。

5．UOS 预装了（　　），可以方便地查看和管理运行在操作系统上的硬件设备，还可以进行参数状态查看、数据信息导出等操作。

二、项目实训题

1．项目背景

公司研发部由研发部主任赵工、软件开发组钱工和孙工、软件测试组李工和简工 5 位工程师组成，组织架构图如图 7-47 所示。

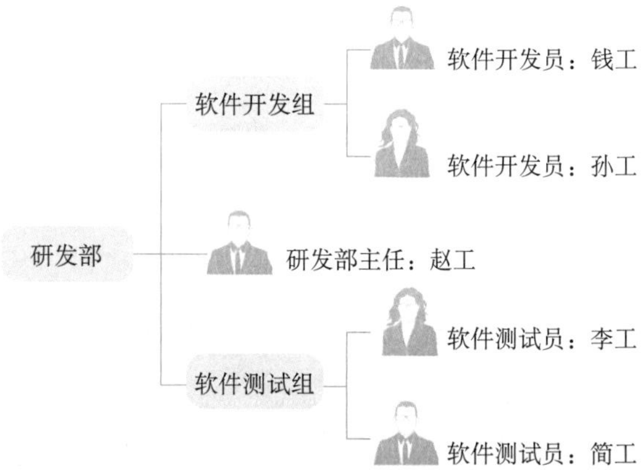

图 7-47　实训题的组织架构图

为了满足研发部日常办公的需求，办公计算机预装了 UOS，并完成了相关的配置和软件的安装，现在需要对系统进行维护、管理硬件设备、监视系统运行状态、管理程序进程和系统服务。

2．项目要求

（1）根据项目背景规划，完成如表 7-2 所示的项目规划表。

表 7-2　研发部公办计算机系统维护规划表

PC	设备管理器	系统监视器	备份与还原
赵工	查看系统硬件信息 查看打印机、键盘、鼠标信息	硬件监控 调整进程排序 结束 QQ 进程 改变 QQ 进程优先级	（1）通过控制中心对 Jan16 公司赵工的计算机 UOS 进行系统备份。 2）赵工的计算机由于系统崩溃需要还原 UOS，通过控制中心进行系统还原
李工	查看系统硬件信息 查看打印机、键盘、鼠标信息	硬件监控 调整进程排序 结束微信进程 改变微信进程优先级	（1）通过控制中心对 Jan16 公司李工的计算机 UOS 进行系统备份。 （2）李工的计算机由于系统崩溃需要还原 UOS，通过控制中心进行系统还原
孙工	查看系统硬件信息 查看打印机、键盘、鼠标信息	硬件监控 调整进程排序 结束输入法进程 改变输入法进程优先级	（1）通过控制中心对 Jan16 公司孙工的计算机 UOS 进行系统备份。 （2）孙工的计算机由于系统崩溃需要还原 UOS，通过控制中心进行系统还原

（2）根据表 7-2 的规划，在赵工、李工、孙工的计算机上进行系统维护，并截取以下系统截图。

① 截取设备管理器界面，并截取各硬件信息的详情。

② 截取系统监视器界面，并截取进程调整的界面。

③ 截取设置系统备份与还原的界面。

参考文献

[1] 统信软件技术有限公司 . 统信 UOS 操作系统使用教材。北京：人民邮电出版社，2021.

[2] https://www.uniontech.com/.